植被景观一

植被景观二

陕西延安黄龙山褐马鸡国家级自然保护区
植物多样性研究与保护

白皮松一

白皮松+侧柏群落

侧柏林

白桦林

白皮松二

油松林一

油松林二

油松林三

油松+白桦群落

陕西延安黄龙山褐马鸡国家级自然保护区
植物多样性研究与保护

斑叶兰

斑叶堇菜

板栗

八角枫

半夏

膀胱果

大火草

臭檀吴萸（臭檀）

穿龙薯蓣

大叶铁线莲

垂盆草

刺榆

鹅耳枥

杜梨

独角莲

丹参

鸡腿堇菜

湖北花楸

额河千里光

核桃楸

虎榛子

茖葱

苦参

黄芩

京芒草

甘遂

东陵绣球

华北耧斗菜 　　　　　　　　河南海棠

橘红山楂

狼尾草

蓝盆花

毛金腰

四照花

山西蟹甲草

轮叶八宝

软枣猕猴桃

千金榆

宽叶薹草（崖棕）

水金凤

沿阶草

一把伞南星

狭叶珍珠菜

瓦松

虱子草

野大豆

羊耳蒜

少脉椴

柘

榛

知风草

硬质早熟禾

银线草

陕西延安黄龙山褐马鸡国家级自然保护区
植物多样性研究与保护

植物调查组部分成员

样地调查一

样地调查二

在鉴定植物

陕西延安黄龙山褐马鸡国家级
自然保护区植物多样性研究与保护

李登武　马宝有　编著

西北农林科技大学出版社

图书在版编目(CIP)数据

陕西延安黄龙山褐马鸡国家级自然保护区植物多样性研究与保护/李登武，马宝有编著. — 杨凌：西北农林科技大学出版社，2020.12
ISBN 978-7-5683-0930-1

Ⅰ.①陕… Ⅱ.①李… ②马… Ⅲ.①自然保护区-生物多样性-生物资源保护-研究-延安 Ⅳ.①S759.992.413②Q16

中国版本图书馆 CIP 数据核字(2020)第 270770 号

陕西延安黄龙山褐马鸡国家级自然保护区植物多样性研究与保护
李登武　马宝有　编著

出版发行	西北农林科技大学出版社		
地　　址	陕西杨凌杨武路3号	邮　编	712100
电　　话	总编室:029-87093105	发行部	029-87093302
电子邮箱	press0809@163.com		
印　　刷	西安日报社印务中心		
版　　次	2020年12月第1版		
印　　次	2020年12月第1次印刷		
开　　本	880mm×1230mm　1/16		
印　　张	8.75　插页8		
字　　数	269千字		

ISBN 978-7-5683-0930-1

定价:50.00元

本书如有印装质量问题，请与本社联系

陕西延安黄龙山褐马鸡国家级自然保护区植物调查领导小组

组　　长：马宝有
副组长：屈宏胜　张建哲
成　　员：曹昌龙　霍安平　尚　伟　王天才　牛常会　袁晓青
　　　　　刘江成　屈学宝　王云龙　高东峰　李宏志

《陕西延安黄龙山褐马鸡国家级自然保护区植物多样性研究与保护》编委会

主　　编：李登武　马宝有
副 主 编：屈宏胜　张建哲
参编人员：王天才　霍安平　王育鹏　刘江成　牛常会　袁晓青
　　　　　屈学宝　王云龙　高东峰　李宏志　陈开朝　冯艳君
　　　　　许军锋　刘　师　余梦迪　陈　倩　胡慧中　田培林
　　　　　冯雪萍　张伟萍　白茹雪　徐胜楠　孙雷稳　余　丽
　　　　　罗　娜　谢利霞

主持单位：西北农林科技大学
参加单位：陕西延安黄龙山褐马鸡国家级自然保护区管理局
　　　　　　延安市黄龙山国有林管理局

Preface / 前言

陕西延安黄龙山褐马鸡国家级自然保护区位于延安市的黄龙、宜川两县境内的黄龙山林区，地理位置介于 109°55′09″~110°19′32″E，35°31′53″~35°53′29″N 之间，南北长 39.5 km，东西宽 36.6 km，垂直分布范围在海拔 845~1 783.5 m 之间，总面积 81 753 hm²。保护区地处陕北黄土高原南缘的黄龙山腹地，属中纬度暖温带大陆性半湿润季风气候区，受地形、气候等因素的影响，野生动植物资源丰富，被誉为"黄土高原上的一颗绿色明珠"，素有"陕西的一叶肺"和"褐马鸡的故乡"之称。保护区是以保护中国特有的国家一级保护野生动物褐马鸡及其栖息地和黄土高原特有的暖温带落叶阔叶林森林生态系统为目的的专属区域。

陕西延安黄龙山褐马鸡国家级自然保护区自然地理条件特殊、自然环境优越，植被类型多样，生态系统复杂，动物、植物种类繁多，生物资源丰富。保护区共有维管植物 123 科 476 属 963 种，其中石松类和蕨类植物 11 科 18 属 38 种，种子植物 112 科 458 属 925 种。保护区共有各类保护植物 36 种[国家级珍稀濒危植物有 4 种；国家重点保护野生植物（第一批）有 1 种；陕西省地方重点保护植物有 17 种]，中国特有种有 239 种。

陕西延安黄龙山褐马鸡国家级自然保护区植物多样性研究与保护项目由陕西延安黄龙山褐马鸡国家级自然保护区管理局提供经费支持，由西北农林科技大学和陕西延安黄龙山褐马鸡国家级自然保护区管理局、延安市黄龙山国有林管理局的专家、教授和科研人员组织实施完成，本项目研究历时 2 年（部分研究资料也是多年积累的），在研究内容主要涉及石松类和蕨类植物资源、种子植物资源、植被资源、保护植物、特有植物、资源植物及植物多样性评价等方面，取得了诸多重要科研成果，尤其发现了新记录类群有 10 科 49 属 195 种。这些成果的获得对陕西延安黄龙山褐马鸡国家级自然保护区植物多样性保护与利用提供重要依据，同时也对保护区褐马鸡栖息地的保护、可持续管理及相关科研工作具有重要意义并奠定重要基础。

陕西延安黄龙山褐马鸡国家级自然保护区植物多样性研究与保护项目的完成，既是该项目全体参与者的集体研究成果，更是多年来陕西延安黄龙山褐马鸡国家级自然保护区管理局全体职工精心管护、辛勤劳动的结晶，同时也得到了陕西省林业局及当地各级管理部门的大力支持和协助，以及西北农林科技大学的鼎力支持和配合。本项目的完成和研究报告的出版为社会各界了解和保护褐马鸡栖息地植物多样性的重要性提供了依据，另外，也期待社会各界对陕西延安黄龙山褐马鸡国家级自然保护区的生物多样性保护事业倾注更大的热情和关爱，以促进我国黄土高原林业生态文明建设蓬勃发展。

在本研究报告完稿和出版之际，谨向关心和支持本项目的陕西省林业局、延安市人民政府、延安市林业局、延安市黄龙山国有林管理局、陕西延安黄龙山褐马鸡国家级自然保护区管理局、西北农林科技大学等单位的领导、专家,以及为本次植物资源调查与研究付出艰辛劳动的全体研究和工作人员致以衷心的感谢!

由于编者水平有限,加之调查、研究及报告撰写时间短,书中难免有遗漏和不足之处,恳切希望各位专家和同仁批评指正。

编者

2020 年 12 月于中国·杨凌

Contents/目录

第1章 概论 ········ 1

1.1 地理位置 ········ 1
1.2 地质地貌 ········ 1
1.3 气候 ········ 1
1.4 水文 ········ 1
1.4.1 水系 ········ 1
1.4.2 水资源 ········ 2
1.5 土壤 ········ 2
1.6 植被 ········ 2
1.7 植物 ········ 2
1.7.1 石松类和蕨类植物 ········ 2
1.7.2 种子植物 ········ 3
1.7.3 保护植物 ········ 3
1.7.4 特有植物 ········ 3
1.7.5 资源植物 ········ 3

第2章 石松类和蕨类植物 ········ 4

2.1 石松类和蕨类植物基本组成 ········ 4
2.2 石松类和蕨类植物科、属大小分析 ········ 4
2.2.1 科的大小 ········ 4
2.2.2 属的大小 ········ 5
2.3 石松类和蕨类植物优势科、属分析 ········ 5
2.3.1 优势科的分析 ········ 5
2.3.2 优势属的分析 ········ 6
2.4 石松类和蕨类植物区系地理成分的多样性 ········ 7
2.4.1 科的地理成分 ········ 7
2.4.2 属的地理成分 ········ 7
2.4.3 种的地理成分 ········ 8

2.5　石松类和蕨类植物的生态特征 ·· 10
2.6　与其他地区石松类和蕨类植物种系密度的比较 ·· 10
2.7　石松类和蕨类植物区系特征 ··· 11

第3章　种子植物 ·· 12

3.1　种子植物区系分类群组成 ··· 12
　　3.1.1　种子植物区系组成的数量特征 ·· 12
　　3.1.2　植物区系科、属的数量特性 ··· 12
3.2　种子植物区系的优势类群 ··· 15
　　3.2.1　优势科 ·· 15
　　3.2.2　优势属 ·· 15
3.3　种子植物区系的表征类群 ··· 16
　　3.3.1　表征科 ·· 16
　　3.3.2　表征属 ·· 16
3.4　种子植物区系的地理成分 ··· 17
　　3.4.1　科的地理成分 ·· 17
　　3.4.2　属的地理成分 ·· 19
　　3.4.3　种的地理成分 ·· 24
3.5　种子植物区系特征 ·· 28

第4章　保护植物 ·· 30

4.1　保护植物确定依据 ·· 30
4.2　保护植物物种组成 ·· 30
4.3　各类保护植物 ·· 32
　　4.3.1　珍稀濒危植物 ·· 32
　　4.3.2　国家重点保护野生植物 ··· 32
　　4.3.3　陕西省地方重点保护植物 ·· 33
　　4.3.4　受威胁植物 ·· 33
　　4.3.5　列入《濒危野生动植物种国际贸易公约》中的植物 ··· 34
4.4　保护植物区系地理成分 ·· 35

第5章　特有植物 ·· 37

5.1　中国特有科 ··· 37
5.2　中国特有属 ··· 37
5.3　中国特有种 ··· 38
　　5.3.1　中国特有种的基本组成 ··· 38
　　5.3.2　中国特有种分布亚型 ·· 45
5.4　中国特有植物区系基本特征 ·· 49

第6章 资源植物 ··· 50

6.1 药用植物 ··· 50
6.1.1 药用石松类和蕨类植物 ··· 50
6.1.2 药用种子植物 ··· 51
6.2 芳香植物 ··· 64
6.3 油脂植物 ··· 66
6.4 糖类及淀粉植物 ··· 67
6.5 野菜植物 ··· 68
6.6 有毒植物 ··· 69
6.6.1 石松类和蕨类植物 ··· 69
6.6.2 种子植物 ··· 70
6.7 纤维植物 ··· 74
6.8 鞣料植物 ··· 75
6.9 树脂、树胶及橡胶植物 ··· 77
6.10 经济昆虫寄主植物 ··· 77
6.11 饲料植物 ··· 78

第7章 植被 ··· 81

7.1 植被分类 ··· 81
7.1.1 植被分类原则、依据和单位 ··· 81
7.1.2 植被分类系统 ··· 82
7.2 主要植被类型概述 ··· 83
7.2.1 针叶林 ··· 83
7.2.2 阔叶林 ··· 83
7.2.3 灌丛 ··· 85
7.3 植被的空间分异 ··· 87
7.3.1 水平分异 ··· 87
7.3.2 垂直分异 ··· 87
7.4 植被资源的保护与利用 ··· 87

第8章 植物多样性评价 ··· 89

8.1 维管植物多样性 ··· 89
8.2 保护植物多样性 ··· 90
8.3 特有植物多样性 ··· 90
8.4 资源植物多样性 ··· 90
8.5 植被类型多样性 ··· 91

附录Ⅰ 陕西延安黄龙山褐马鸡国家级自然保护区石松类和蕨类植物名录 ··· 92
附录Ⅱ 陕西延安黄龙山褐马鸡国家级自然保护种子植物名录 ··· 94

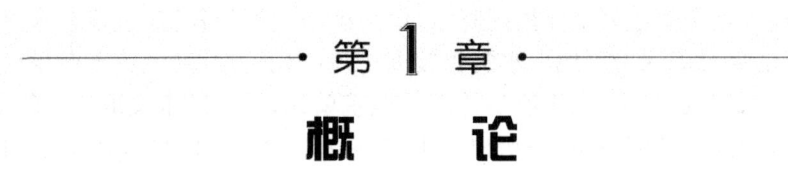

第 1 章
概 论

1.1 地理位置

陕西延安黄龙山褐马鸡国家级自然保护区位于延安市的黄龙、宜川两县境内。地理位置介于 109°55′9″~110°19′32″E,35°31′53″~35°53′29″N 之间,南北长 39.5 km,东西宽 36.6 km,海拔在 845~1 783 m 之间。包括黄龙县白马滩林场和柏峪林场、延安市黄龙山国有林管理局圪台林场和大岭林场、宜川县石台寺林场和薛家平林场,总面积 81 753 hm²。

1.2 地质地貌

陕西省延安黄龙山褐马鸡国家级自然保护区的地质构造属鄂尔多斯地台向斜的东南部分,横跨华北地台和青藏地块北缘祁连山褶皱带两大构造单元。该保护区地层平缓,构造相对简单,主要有远古界震旦系、古生界寒武系、奥陶系、石炭系以及中生界侏罗系和新生界第三系、第四系等。岩石种类简单,基本为沉积岩组成,无侵入岩或火山岩,主要基岩包括砂岩、页岩、砂页岩、片麻岩和少量石英岩。

保护区内地貌类型属石质低中山地貌类型。由于久经侵蚀,特别是受呈放射状分布的河流的切割,山峰起伏,山体一般呈梁状山岭,自西向东延伸。沟谷呈"V"字形,相对高差一般为 300~500 m。在较大河谷发育了一、二级阶地。地势总体上由主脊大岭寨子峰(海拔 1 783m)向西侧缓倾,是大南川、柏峪川、白马川、猴儿川、白水川等河流的发源地。

1.3 气候

陕西延安黄龙山褐马鸡国家级自然保护区属于中纬度暖温带大陆性季风气候区,具有冬长夏短,气候温和,雨量充沛,四季分明,春冬干燥,夏季温热多雨,秋淋明显的气候特征。另外,由于保护区地势高差较大,气候垂直变化明显,昼夜温差大。年均气温 8.6 ℃,最冷月(一月)平均气温 -5.7 ℃,最热月(七月)平均气温 21.5 ℃,年均日照数为 2 369.8 h,年均降水量 602.7 mm,无霜期 130~182 d。

1.4 水文

1.4.1 水系

陕西延安黄龙山褐马鸡国家级自然保护区所在的陕西省黄龙县和宜川县境内河流较多,流域面积较大,均属于黄河流域。发源自黄龙山区的滹水河、石堡河、仕望河、仙姑河等水系,呈放射状分流注入黄河和洛河。发源于保护区内的河流有5条，其中大南川、猴儿川、白水川汇入黄河，柏峪川、白马川流入洛河再归黄河。

1.4.2 水资源

地表水：保护区地表水资源主要由保护区降水、保护区境内河川径流、过境客水组成，位于黄龙山山地次生林水源涵养区的褐马鸡保护区地表水资源较周边浅山丘陵沟壑区、黄土台塬区较为丰富。

地下水：根据地下水的成因、补给、排泄条件以及地貌单元，保护区水文地质区域分布为：中低山区，地下水主要储存于砂岩孔隙、裂隙中，有潜水和承压水，以潜水为主，泉水多在山腰沟汊涌出；灰岩岩溶区，储存于奥陶系、寒武系的地层中，富水性好。

1.5 土壤

陕西延安黄龙山褐马鸡国家级自然保护区的土壤包括褐土、黄土性土、黑垆土、淤土四个土类，其中垂直地带性土壤为褐土；区域性分布土壤为黄土性土、黑垆土和淤土。

由于气候特点和森林植被的影响，褐土成为保护区内分布最广、面积最大的地带性土壤。在保护区黄龙县境内，褐土主要发育在黄土母质上，以圪台乡的长村－马场－曹店乡的大炮楼－沙曲河为界，以北的条带地区为灰褐土性土分布区，以南则为褐土分布区；在保护区的宜川县境内，典型褐土主要发育在沙页岩母质上，分布在集义、寿峰、鹿川和党湾等乡（镇）的部分土石山区。有5～10 cm的枯枝落叶层覆盖，呈中性或微酸性反应，土壤表层为腐殖土层，黏化作用明显，土质黏重，有机质含量高，透水、保水性能良好，自然肥力高。

黄土性土壤是发育在黄土母质上的一种幼年土壤类型，没有地带性土壤所具有的发生土层和剖面特征，无层理和垂直节理发育，具有质地均一、组织疏松、颜色黄棕、湿陷性和渗透性较大的特征。包括黄绵土和黄鳝土两个亚类，保护区内主要以黄鳝土为主。

黑垆土为古老农耕土地，由于人类定向培肥过程和雨热等自然规律影响而具有强烈的地带性特点。土壤含碳酸钙、无机磷，多为难溶性磷酸三钙，含磷量高，有机磷缺乏，含钾丰富，是自然肥力较高的旱作土壤。

淤土是发育在河流近代洪积物上的幼年土壤，主要分布在河流两岸、沟谷两侧、河漫滩、阶地以及洪积扇上的微地域性土壤。由于河流特点和水源不同及河流的明显分选作用，淤积物颗粒粗细肥薄差异较大，质地变化大，生产性能各异。

1.6 植被

陕西延安黄龙山褐马鸡国家级自然保护区自然植被分为3个植被型组（针叶林、阔叶林、灌丛），3个植被型（温性针叶林、落叶阔叶林、落叶阔叶灌丛），4个植被亚型，19个群系。

针叶林有温性常绿针叶林（油松林、白皮松林、侧柏林）；阔叶林有栎林（辽东栎林、槲栎林、栓皮栎林），杨桦林（白桦林、山杨林）；灌丛有温性落叶阔叶灌丛（狼牙刺灌丛、黄蔷薇灌丛、榛灌丛、虎榛子灌丛、胡枝子灌丛、连翘灌丛、杠柳灌丛、酸枣灌丛和荆条灌丛）。

1.7 植物

1.7.1 石松类和蕨类植物

陕西延安黄龙山褐马鸡国家级自然保护区石松类和蕨类植物共有38种，隶属于11科21属，其中石松类植物有3种,隶属于1科1属,蕨类植物有35种,隶属于10科20属。本区石松类和蕨类植物科、属、种分别占陕北黄土高原总科数的64.71%、总属数的65.63%和总种数的60.32%,分别占黄土高原总科数的61.11%、总属数的50.00%和总种数的22.09%。

1.7.2 种子植物

陕西延安黄龙山褐马鸡国家级自然保护区种子植物共有925种(新纪录种有195种),隶属于112科(新纪录科有10科)458属(新纪录属有49属),科、属、种分别占陕北黄土高原种子植物总科数的91.06%、总属数的84.50%、总种数的68.52%,分别占黄土高原种子植物总科数的76.19%、总属数的53.01%、总种数的28.69%,其中裸子植物共有3科4属5种;被子植物109科454属920种,被子植物中双子叶植物94科357属744种,单子叶植物15科97属176种。

1.7.3 保护植物

陕西延安黄龙山褐马鸡国家级自然保护区保护植物共有36种,隶属于17科31属,其中石松类和蕨类植物仅有1种,隶属于1科1属,种子植物有16科30属35种,包括全部兰科植物,且最多,有14种。保护植物中,国家级珍稀濒危植物共有4种(3科4属);国家重点保护野生植物共有22种(7科19属),均为国家Ⅱ保护植物,其中国家重点保护野生植物(第一批)仅有野大豆(*Glycine soja*)1种;陕西省地方重点保护植物共有17种(4科14属);受威胁(极危、濒危、易危)植物和近危级植物共有20种(10科18属),其中受威胁植物有11种(7科10属);列入《濒危野生动植物种国际贸易公约-CITES》(附录Ⅱ)中的植物有14种(全为兰科植物)。

1.7.4 特有植物

陕西延安黄龙山褐马鸡国家级自然保护区维管植物中无中国特有科,中国特有属仅有4属,分布的中国特有种有239种(含种下等级),隶属于65科158属,其中石松类和蕨类植物有6科10属11种,种子植物有59科148属228种。

1.7.5 资源植物

陕西延安黄龙山褐马鸡国家级自然保护区资源植物中药用植物有590种,芳香植物有85种,油脂植物有42种,糖类及淀粉植物有50种,野菜植物有32种,有毒植物有199种,鞣料植物42种,树脂、树胶及橡胶植物有23种,经济昆虫寄主植物有12种及饲料植物有95种。

第 2 章 石松类和蕨类植物

2.1 石松类和蕨类植物基本组成

根据调查和资料统计(王义凤等,1991;党坤良等,2004;张凤臣等,2006;李登武,2009;郭晓思等,2013;杜维波等,2019;李登武等,2019),参考张宪春等2013年的分类系统和《Flora of China》Vol. 2 - 3 (2013)所采用的Christenhusz系统等,陕西延安黄龙山褐马鸡国家级自然保护区石松类和蕨类植物共有38种(含种下等级,下同),隶属于11科21属(表2-1,见附录Ⅰ),其中石松类植物有3种[红枝卷柏(圆枝卷柏) Selaginella sanguinolenta、中华卷柏 Selaginella sinensis、卷柏 Selaginella tamariscina],隶属于1科(卷柏科)1属(卷柏属),蕨类植物有35种,隶属于10科20属。本区石松类和蕨类植物科、属、种分别占陕北黄土高原(李登武,2009)总科数的64.71%、总属数的65.63%和总种数的60.32%,分别占黄土高原(杜维波等,2019)总科数的61.11%、总属数的50.00%和总种数的22.09%。

表2-1 延安黄龙山褐马鸡保护区石松类和蕨类植物与陕北黄土高原、黄土高原的比较

分类群	保护区			陕北黄土高原			黄土高原		
	科	属	种	科	属	种	科	属	种
石松类植物	1	1	3	1	1	4	2	2	11
蕨类植物	10	20	35	16	31	59	16	40	161
合计	11	21	38	17	32	63	18	42	172

2.2 石松类和蕨类植物科、属大小分析

2.2.1 科的大小

由表2-2可知,本区石松类和蕨类植物科的构成简单,主要有单种科(含1种)、小科(2~4种)、较大科(5~9种),具体如下:

单种科(含1种) 本区含1种的科有岩蕨科(Woodsiaceae)和槐叶苹科(Salviniaceae)2科,占本区石松类和蕨类植物总科数的18.18%科,单种科共含2属2种,分别占本区石松类和蕨类植物总属数的9.52%、总种数的5.26%。

小科(2~4种) 本区有5科,占本区石松类和蕨类植物总科数的45.45%,这5科共含9属14种,分别占本区石松类和蕨类植物总属数的42.86%、总种数的36.84%,其中含2种的科有碗蕨科(Dennstaedtiaceae)1科;含3种的科有卷柏科(Selaginellaceae)、冷蕨科(Cystopteridaceae)、铁角蕨科

(Aspleniaceae)和鳞毛蕨科(Dryopteridaceae)等 4 科,共含 7 属 12 种。

较大科(5~9 种) 本区有 4 科,占本区石松类和蕨类植物总科数的 36.36%,共含 10 属 22 种,分别占本区石松类和蕨类植物总属数的 47.62%、总种数的 57.89%,含 5 种的科有木贼科(Equisetaceae)、蹄盖蕨科(Athyriaceae)和水龙骨科(Polypodiaceae)3 科,含 7 属 15 种;含 7 种的科有凤尾蕨科(Pteridaceae)1 科,含 3 属 7 种。

表 2-2 陕西延安黄龙山褐马鸡国家级自然保护区石松类和蕨类植物科的大小统计

类别及比例	1 种	2~4 种	5~9 种	≥10 种	合计
科	2	5	4	-	11
比例(%)	18.18	45.45	36.36	-	100.00
属	2	9	10	-	21
比例(%)	9.52	42.86	47.62	-	100.00
种	2	14	22	-	38
比例(%)	5.26	36.84	57.89	-	100.00

2.2.2 属的大小

由表 2-3 可知,本区石松类和蕨类植物属的构成与科相似,即其构成简单,主要包括单种属(含 1 种)、小属(2~4 种)、较大属(≥5 种)等,具体如下:

单种属(含 1 种) 本区有 12 属,含 12 种,属、种分别占本区石松类和蕨类植物总属数的 57.14%、总种数的 31.58%,如碗蕨属(Dennstaedtia)、岩蕨属(Woodsia)、槲蕨属(Drynaria)、槐叶苹属(Salvinia)等。

小属(2~4 种) 本区有 8 属,含 21 种,属、种分别占本区石松类和蕨类植物总属数的 38.10%、总种数的 55.26%,其中含 2 种的属有冷蕨属(Cystopteris)、对囊蕨属(Deparia)和石韦属(Pyrrosia)等 3 属,含 3 种的属有卷柏属(Selaginella)、铁线蕨属(Adiantum)、粉背蕨属(Aleuritopteris)、铁角蕨属(Asplenium)和蹄盖蕨属(Athyrium)等 5 属。

较大属(≥5 种) 本区仅有木贼属(Equisetum)1 属,含 5 种,属、种分别占本区石松类和蕨类植物总属数的 4.76%、总种数的 13.16%。

表 2-3 陕西延安黄龙山褐马鸡国家级自然保护区石松类和蕨类植物属的大小统计

类别及比例	含 1 种	含 2 种	含 3 种	含 5 种	合计
属	12	3	5	1	21
比例(%)	57.14	14.29	23.81	4.76	100.00
种	12	6	15	5	38
比例(%)	37.14	17.14	39.47	13.16	100.00

2.3 石松类和蕨类植物优势科、属分析

2.3.1 优势科的分析

由表 2-4 可知,陕西延安黄龙山褐马鸡国家级自然保护区石松类和蕨类植物区系科的优势现象不明显。根据优势科的划分依据,并结合本区石松类和蕨类植物区系科内所含属、种的情况,将凤尾蕨科(Pteridaceae)、蹄盖蕨科(Athyriaceae)和水龙骨科(Polypodiaceae)等 3 科,确定为本区石松类和蕨类植

物区系的优势科,这3科占本区石松类和蕨类植物总科数的27.27%,含9属17种,属、种分别占本区石松类和蕨类植物总属数的42.86%,总种数的44.74%,由此表明,凤尾蕨科、蹄盖蕨科和水龙骨科在本区石松类和蕨类植物区系中占有重要地位。

表2-4 黄龙山褐马鸡保护区石松类和蕨类植物科内属、种的组成

序号	科名 中文名	科名 拉丁名	数量 (属/种)	序号	科名 中文名	科名 拉丁名	数量 (属/种)
1	卷柏科	Selaginellaceae	1/3	7	岩蕨科	Woodsiaceae	1/1
2	木贼科	Equisetaceae	1/5	8	蹄盖蕨科	Athyriaceae	2/5
3	碗蕨科	Dennstaedtiaceae	2/2	9	鳞毛蕨科	Dryopteridaceae	3/3
4	凤尾蕨科	Pteridaceae	3/7	10	水龙骨科	Polypodiaceae	4/5
5	冷蕨科	Cystopteridaceae	2/3	11	槐叶苹科	Salviniaceae	1/1
6	铁角蕨科	Aspleniaceae	1/3		合计		21/38

2.3.2 优势属的分析

由表2-5可知,本区石松类和蕨类植物区系属的优势现象与科一样不明显,以属内所含物种数作为划分优势属的依据,综合分析,将所含物种≥3种的属划分为优势属,本区优势属主要有木贼属(*Equisetum*)、卷柏属(*Selaginella*)、铁线蕨属(*Adiantum*)、粉背蕨属(*Aleuritopteris*)、铁角蕨属(*Asplenium*)和蹄盖蕨属(*Athyrium*)等6属,其中木贼属、卷柏属、铁线蕨属和铁角蕨属(*Asplenium*)为世界广布,粉背蕨属为泛热带分布,蹄盖蕨属为北温带分布。这6属占本区石松类和蕨类植物总属数的28.57%,含20种,占本区石松类和蕨类植物总种数的52.63%。

表2-5 黄龙山褐马鸡保护区石松类和蕨类植物属内种的组成

序号	属名 中文名	属名 拉丁名	种数	序号	属名 中文名	属名 拉丁名	种数
1	卷柏属	*Selaginella*	3	12	对囊蕨属	*Deparia*	2
2	木贼属	*Equisetum*	5	13	岩蕨属	*Woodsia*	1
3	碗蕨属	*Dennstaedtia*	1	14	贯众属	*Cyrtomium*	1
4	蕨属	*Pteridium*	1	15	鳞毛蕨属	*Dryopteris*	1
5	铁线蕨属	*Adiantum*	1	16	耳蕨属	*Polystichum*	1
6	粉背蕨属	*Aleuritopteris*	3	17	水龙骨属	*Polypodiodes*	1
7	凤丫蕨属	*Coniogramme*	1	18	瓦韦属	*Lepisorus*	1
8	冷蕨属	*Cystopteris*	2	19	槲蕨属	*Drynaria*	1
9	羽节蕨属	*Gymnocarpium*	1	20	石韦属	*Pyrrosia*	2
10	铁角蕨属	*Asplenium*	3	21	槐叶苹属	*Salvinia*	1
11	蹄盖蕨属	*Athyrium*	3		合计		38

2.4 石松类和蕨类植物区系地理成分的多样性

2.4.1 科的地理成分

根据本区石松类和蕨类植物科的地理分布,并参考吴征镒等(2006)对中国种子植物科的分布区类型的划分方法,对本区石松类和蕨类植物科的分布区类型进行了划分,共划分为3个分布区类型(表2-6)。

表2-6 黄龙山褐马鸡保护区石松类和蕨类植物科的分布区类型

分布区类型	科数	占总科数的% *
世界分布	8	—
泛热带分布	1	25.00
北温带分布	2	75.00
合计	11	100.0

*百分比不包括世界分布的科,表2-7,表2-8,表2-9同。

(1)世界分布

世界分布的科本区有8科,主要有卷柏科(Selaginellaceae)、木贼科(Equisetaceae)、凤尾蕨科(Pteridaceae)、蹄盖蕨科(Athyriaceae)、铁角蕨科(Aspleniaceae)、鳞毛蕨科(Dryopteridaceae)、水龙骨科(Polypodiaceae)和槐叶苹科(Salviniaceae)8科,含16属30种。其中木贼科温带、热带广布,卷柏科、凤尾蕨科、蹄盖蕨科和水龙骨科主产热带地区,铁角蕨科主要分布于山地和热带、亚热带地区,鳞毛蕨科主要分布于温带及亚热带高山地区,槐叶苹科分布于世界各大洲,但以美洲和非洲热带地区为主,另外,卷柏科、凤尾蕨科、蹄盖蕨科、水龙骨科、铁角蕨科和鳞毛蕨科在我国主要分布于秦岭-淮河流域以南地区。

(2)泛热带分布

泛热带分布本区仅有碗蕨科(Dennstaedtiaceae)1科,占本区总科数(不包括世界分布的科,下同)的33.33%,碗蕨科主要分布于热带地区,但也延伸到温带地区,本区仅有2属(碗蕨属 Dennstaedtia、蕨属 Pteridium)2种(溪洞碗蕨 Dennstaedtia wilfordii、蕨 Pteridium aquilinum var. latiusculum)。

(3)北温带分布

北温带分布本区仅有冷蕨科(Cystopteridaceae)和岩蕨科(Woodsiaceae)等2科,占本区总科数的66.67%,含3属(岩蕨属 Woodsia、冷蕨属 Cystopteris、羽节蕨属 Gymnocarpium)3种(耳羽岩蕨 Woodsia polystichoides、冷蕨 Cystopteris fragilis、羽节蕨 Gymnocarpium jessoense),冷蕨科主要分布于温带和寒温带及热带山地,岩蕨科广泛分布于北温带和寒带,很少见于中南美洲、非洲(安哥拉、南非)和马达加斯加。

2.4.2 属的地理成分

属的分布区类型划分方法与科类似,即根据本区石松类和蕨类植物属的地理分布,并参考吴征镒等(2006)、吴征镒等(2011)对中国种子植物属的分布区类型的划分方法,对本区石松类和蕨类植物的分布区类型进行了划分,共划分为7个分布区类型(表2-7)。

表2-7 黄龙山褐马鸡保护区石松类和蕨类植物属的分布区类型

分布区类型	属数	占总属数的% *
世界分布	6	—
泛热带分布	4	26.67
旧世界热带分布	2	13.33

续表

分布区类型	属数	占总属数的% *
热带亚洲至热带大洋洲分布	1	6.67
北温带分布	4	26.67
温带亚洲分布	3	20.00
东亚分布	1	6.67
合计	21	100.0

1. 世界分布

世界分布本区有6属，主要有卷柏属(*Selaginella*)、木贼属(*Equisetum*)、蕨属(*Pteridium*)、铁线蕨属(*Adiantum*)、铁角蕨属(*Asplenium*)和槐叶苹属(*Salvinia*)等。

2. 热带分布

热带分布本区共有7属，占本区总属数(不包括世界分布属，下同)的46.67%，具体如下：

(1) 泛热带分布　本区有碗蕨属(*Dennstaedtia*)、凤丫蕨属(*Coniogramme*)和粉背蕨属(*Aleuritopteris*)和槲蕨属(*Drynaria*)等4属，占本区热带分布总属数的57.14%，占本区总属数的26.67%；

(2) 旧世界热带分布　本区仅有石韦属(*Pyrrosia*)和对囊蕨属(*Deparia*)2属，占本区热带分布总属数的28.57%，占本区总属数的13.33%；

(3) 热带亚洲至热带大洋洲分布　本区仅有水龙骨属(*Polypodiodes*)1属，占本区热带分布总属数的14.29%，占本区总属数的6.67%。

3. 温带分布

温带分布本区有7属，占本区总属数的46.67%，具体如下：

(1) 北温带分布　本区有蹄盖蕨属(*Athyrium*)、冷蕨属(*Cystopteris*)、羽节蕨属(*Gymnocarpitum*)和岩蕨属(*Woodsia*)等4属，占本区温带分布总属数的57.14%，占本区总属数的26.67%；

(2) 温带亚洲分布　本区有贯众属(*Cyrtomium*)、耳蕨属(*Polystichum*)和鳞毛蕨属(*Dryopteris*)3属，占本区温带分布总属数的42.86%，占本区总属数的20.00%。

4. 东亚分布

东亚分布本区仅有瓦韦属(*Lepisorus*)1属，占本区总属数的6.67%。

2.4.3　种的地理成分

种级水平上的观察从另一方面说明陕西延安黄龙山褐马鸡国家自然保护区石松类和蕨类植物区系的一些重要问题，因为属与种的分布区类型并不完全吻合，甚至互相矛盾。前已述之，在属的统计中，热带属有7属，温带属有7属。种的统计最多的却是东亚分布和中国特有分布(表2-8)，各有11种，各占本区总种数的32.35%。组成该区的38种石松类和蕨类植物可划分为7个分布类型(表2-8)。

表2-8　黄龙山褐马鸡保护区石松类和蕨类植物种的分布区类型

分布区类型	种数	占总种数的% *	分布区类型	种数	占总种数的% *
世界分布	4	—	温带亚洲分布	4	11.76
北温带分布	5	14.71	东亚分布	11	32.35
东亚和北美间断分布	2	5.88	中国特有分布	11	32.35
旧世界温带分布	1	2.94	合计	38	100.00

1. 世界分布

世界分布本区有 4 种,即为碗蕨科的蕨(*Pteridium aquilinum*)、凤尾蕨科的铁线蕨(*Adiantum capillus-veneris*)、铁角蕨科的铁角蕨(*Asplenium trichomanes*)和槐叶蘋科的槐叶蘋(*Salvinia natans*)等。

2. 温带分布

本区温带分布共有 12 种,占本区总种数(百分比不包括世界分布种,下同)的 35.29%,具体如下:

(1)北温带分布　本区有问荆(*Equisetum arvense*)、犬问荆(*E. palustre*)、草问荆(*E. pratense*)、木贼(*E. hyemale*)和冷蕨(*Cystopteris fragilis*)5 种,占本区温带分布总种数的 41.67%,占本区总种数的 14.71%。

(2)东亚和北美间断分布　本区有掌叶铁线蕨(*Adiantum pedatum*)和羽节蕨(*Gymnocarpium jessoense*)等 2 种,占本区温带分布总种数的 16.67%,占本区总种数的 5.88%。

(3)旧世界温带分布　本区仅有节节草(*Equisetum ramosissimum*)1 种,占本区温带分布总种数的 8.33%,占本区总种数的 2.94%。

(4)温带亚洲分布　本区有红枝卷柏(圆枝卷柏)*Selaginella sanguinolenta*、银粉背蕨(*Aleuritopteris argentea*)、北京铁角蕨(*Asplenium pekinense*)和有柄石韦(*Pyrrosia petiolasa*)等 4 种,占本区温带分布总种数的 33.33%,占本区总种数的 11.76%。

3. 东亚与中国特有分布

(1)东亚分布及其变型

东亚分布及其变型本区有 11 种,占本区总种数的 32.35%,其中典型的东亚分布有 5 种,其中石松类仅有卷柏(*Selaginella tamariscina*)1 种,蕨类植物有普通凤了蕨(*Coniogramme intermedia*)、大叶假冷蕨(*Athyrium atkinsonii*)、贯众(*Cyrtomium fortunei*)和网眼瓦韦(*Lepisorus clathratus*)等 4 种。另外,该分布区类型本区有 1 变型——中国-日本分布,该变型本区有华北粉背蕨(*Aleuritopteris kuhnii*)、过山蕨(*Asplenium ruprechtii*)、华北鳞毛蕨(*Dryopteris goeringiana*)、华北耳蕨(*Polystichum craspedosorum*)、耳羽岩蕨(*Woodsia polystichoides*)和麦秆蹄盖蕨(*Athyrium fallaciosum*)等 6 种。

(2)中国特有分布

中国特有种本区有 11 种,占本区总种数的 32.35%,依据王荷生(1992)、王荷生(1997)、吴征镒(2006)对中国种子植物特有属及华北地区种子植物特有种的观点,并依据本区石松类和蕨类植物分布的情况,将本区石松类和蕨类植物中国特有种划分为 6 个分布亚型(表 2-9),具体如下:

表 2-9　黄龙山褐马鸡保护区石松类和蕨类植物中国特有种的分布亚型

分布亚型	种数	占总种数的%*	分布亚型	种数	占总种数的%*
华北分布	2	18.18	东北-华北-华中分布	1	9.09
华北-东北分布	1	9.09	华北-华中-西南分布	2	18.18
华北-华中分布	1	9.09			
华北-西南分布	4	36.36	合计	11	100.00

①华北分布　本区有中华蹄盖蕨(*Athyrium sinense*)和河北对囊蕨(*Deparia vegetior*)等 2 种,占本区石松类和蕨类植物中国特有种总种数的 18.18%;

②华北-东北分布　本区仅有中华卷柏(*Selaginella sinensis*)1 种,占本区石松类和蕨类植物中国特有种总种数的 9.09%;

③华北-华中分布　本区仅有陕西对囊蕨(*Deparia giraldii*)1 种,占本区石松类和蕨类植物中国特有种总种数的 9.09%;

④华北-西南分布　本区有膜叶冷蕨(*Cystopteris pellucida*)、秦岭槲蕨(*Drynaria baronii*)、白背铁线蕨(*Adiantum davidii*)和陕西粉背蕨(*Aleuritopteris argentea* var. *obscura*)等 4 种,占本区石松类和蕨类植

物中国特有种总种数的 36.36%;

⑤东北-华北-华中分布 本区仅有溪洞碗蕨(*Dennstaedtia wilfordii*)1种,占本区石松类和蕨类植物中国特有种总种数的 9.09%;

⑥华北-华中-西南分布 本区有华北石韦(*Pyrrosia davidii*)和中华水龙骨(*Polypodiodes chinensis*)等2种,占本区石松类和蕨类植物中国特有种总种数的 18.18%。

2.5 石松类和蕨类植物的生态特征

石松类和蕨类植物生态类型的多样性与生态适应的多样性密切相关,其生态类型能指示生态环境的质量,也能反映植物区系间的地理亲缘关系(陆树刚等,2013)。

依据张宪春(2012)中国石松类和蕨类植物生态类型及杜维波等(2019)对黄土高原石松类和蕨类植物生态类型的划分方式,对本区石松类和蕨类植物生态类型进行了划分,共分为土生植物、石生植物、附生植物和水生植物等4大类,具体如下:

土生植物 本区有22种,隶属于7科11属,主要有卷柏科3种、木贼科5种、碗蕨科1种、凤尾蕨科3种、冷蕨科3种、蹄盖蕨科5种和鳞毛蕨科2种。

石生植物 本区有18种,隶属于9科10属,卷柏科3种、碗蕨科1种、凤尾蕨科5种、冷蕨科1种、铁角蕨科3种、蹄盖蕨科1种、岩蕨科1种、鳞毛蕨科2种、水龙骨科1种。

附生植物 本区有4种,隶属于1科(水龙骨科)3属(水龙骨属、槲蕨属、石韦属),其中附生于树干上有网眼瓦韦(*Lepisorus clathratus*);附生于石上的有华北石韦(*Pyrrosia davidii*)和有柄石韦(*Pyrrosia petiolasa*)2种,附生于树干或石上的有中华水龙骨(*Polypodiodes chinensis*)1种。

水生植物 本区仅有槐叶萍(*Salvinia natans*)1种。

另外,土生、石生植物有7种,隶属于5科5属,即为卷柏科3种、凤尾蕨科的华北粉背蕨(*Aleuritopteris kuhnii*)、冷蕨科的冷蕨(*Cystopteris fragilis*)、蹄盖蕨科的麦秆蹄盖蕨(*Athyrium fallaciosum*)和鳞毛蕨科的贯众(*Cyrtomium fortunei*)。

2.6 与其他地区石松类和蕨类植物种系密度的比较

陕西延安黄龙山褐马鸡国家级自然保护区石松类和蕨类植物的种系密度(种数/100 km^2)与黄土高原地区、陕北黄土高原地区、陕西韩城黄龙山国家级自然保护区、陕西子午岭国家级自然保护区及陕西劳山省级自然保护区的比较见表2-10。由表2-10可知,本区石松类和蕨类植物的种系密度为4.6481,远高于黄土高原地区(0.0355)、陕北黄土高原地区(0.0677)的种系密度,低于或远低于劳山保护区(15.7504)、韩城黄龙山保护区(12.5243)、子午岭保护区(9.1086)、的种系密度。

表2-10 黄龙山褐马鸡保护区石松类和蕨类植物的种系密度与其他保护区或地区比较

地区	种数	种系密度	排序
陕西延安黄龙山褐马鸡国家级自然保护区	38	4.6481	4
陕西劳山省级自然保护区	32	15.7504	1
陕西子午岭国家级自然保护区	37	9.1086	3
陕西韩城黄龙山褐马鸡国家级自然保护区	49	12.5243	2
陕北黄土高原地区	63	0.0677	5
黄土高原地区	172	0.0355	6

2.7 石松类和蕨类植物区系特征

(1)种类较丰富,种系密度大

陕西延安黄龙山国家级自然保护区石松类和蕨类植物共有11科21属38种,科、属、种分别占陕北黄土高原总科数的64.71%、总属数的65.63%和总种数的60.32%,分别占黄土高原总科数的61.11%、总属数的50.00%和总种数的22.09%;本区的种系密度较大,远高于黄土高原地区、陕北黄土高原地区。

(2)科、属组成简单,优势现象不明显

本区石松类和蕨类植物区系的优势科有凤尾蕨科、蹄盖蕨科和水龙骨科3科;优势属有木贼属、卷柏属、铁线蕨属、粉背蕨属、铁角蕨属和蹄盖蕨属等6属,另外,本区石松类和蕨类植物科的、属的组成简单。

(3)石松类和蕨类植物的生态类型以土生植物、石生植物为主

本区石松类和蕨类植物的生态类型主要有土生植物、石生植物、附生植物、水生植物等4类,其中以土生植物(22种)、石生植物(18种)为主。另外,7种既是土生植物,又是石生植物。

(4)地理成分多样,温带性质显著

本区石松类和蕨类植物区系科的分布区类型有3个,以世界分布为主;属的分布区类型有7个,以泛热带分布、北温带分布和温带亚洲分布为主;种的分布区类型有7个,以东亚分布、中国特有分布及北温带分布为主。综合分析表明,本区石松类和蕨类植物区系具有明显的温带性质。另外,中国特有分布本区有6个分布亚型,以西南-华北分布、华北分布、华北-华中-西南分布为主。

主要参考文献

[1] 王义凤,姜茹,孙世州,等.黄土高原地区植被资源及其合理利用[M].北京:科学出版社,1991.
[2] 张凤臣,杨兴中,李登武,等.陕西韩城黄龙山褐马鸡自然保护区综合科学考察报告[M].西安:陕西科学技术出版社,2006.
[3] 李登武.陕北黄土高原植物区系地理研究[M].杨凌:西北农林科技大学出版社,2009.
[4] 党坤良,孟中华,宋小民,等.陕西子午岭自然保护区综合科学考察[M].杨凌:西北农林科技大学出版社,2004.
[5] 李登武,侯琳,贺虹,等.陕西劳山省级自然保护区综合科学考察[M].杨凌:西北农林科技大学出版社,2019.
[6] 郭晓思,徐养鹏.秦岭植物志—石松类和蕨类植物(第二卷)[M].北京:科学出版社,2013.
[7] 杜维波,卢元.黄土高原石松类和蕨类植物的多样性与地理分布[J].生物多样性,2019,27(11):1260-1267.
[8] 张宪春,卫然,刘红梅,等.中国现代石松类和蕨类的系统发育与分类系统[J].植物学报,2013,48(2):119-137.
[9] 陆树刚,陈风.论蕨类植物生态类型的划分问题[J].云南大学学报(自然科学版),2013,35(3):407-415.
[10] 张宪春.中国石松类和蕨类植物[M].北京:北京大学出版社,2012.

第 3 章

种子植物

3.1 种子植物区系分类群组成

3.1.1 种子植物区系组成的数量特征

据调查和参考相关文献(西北植物研究所,2000;西北植物研究所,1992;西北植物研究所,1989;牛春山等,1990;李景侠等,2002;张凤臣等,2006;李卫忠等,2006;李登武,2009)统计,陕西延安黄龙山褐马鸡国家级自然保护区种子植物共有925种(包括种下等级,下同)(表3-1,见附录Ⅱ),隶属于112科、458属,科、属、种分别占陕北黄土高原种子植物(李登武,2009)总科数的91.06%、总属数的84.50%、总种数的68.52%,分别占黄土高原种子植物(张文辉和李登武等,2002)总科数的76.19%、总属数的53.01%、总种数的28.69%,其中裸子植物共有3科、4属、5种;被子植物109科、454属、920种,被子植物中双子叶植物94科、357属、744种,单子叶植物15科、97属、176种。

表3-1 陕西延安黄龙山褐马鸡国家级自然保护区种子植物的科、属、种组成

分类群		科	属	种
裸子植物		3	4	5
被子植物	双子叶植物	94	357	744
	单子叶植物	15	97	176
	小计	109	454	920
合计		112	458	925

3.1.2 植物区系科、属的数量特性

3.1.2.1 科的大小

陕西延安黄龙山褐马鸡国家级自然保护区种子植物科的大小分为:大科(≥100种)、较大科(含30~99种)、中等科(含11~29种)、小科(含2~10种)和单种科(含1种),具体见表3-2。

表3-2 陕西延安黄龙山褐马鸡国家级自然保护区种子植物科的大小统计

类别及比例	单种科 1	小科 2~10	中等科 11~29	较大科 30~99	大科 ≥100	合计
科	34	63	9	5	1	112
比例(%)	30.36	56.25	8.04	4.46	0.89	100.00

续表

类别及比例	单种科 1	小科 2~10	中等科 11~29	较大科 30~99	大科 ≥100	合计
属	34	163	97	123	41	458
比例(%)	7.42	35.59	21.18	26.86	8.95	100.00
种	34	314	186	279	112	925
比例(%)	3.68	33.95	20.11	30.16	12.11	100.00

本区种子植物区系中大科(≥100种)仅有菊科(Asteraceae)1科,含112种41属,科、属、种分别占本区种子植物总科数的0.89%、总属数的8.95%、总种数的12.11%;较大科(含30~99种)有5科,即为禾本科Poaceae(属数/种数:45/81,下同)、蔷薇科Rosaceae(21/68)、豆科Fabaceae(25/66)、毛茛科Ranunculaceae(11/33)和唇形科Lamiaceae(19/31),含279种、123属,所含的种数占本区种子植物总种数的30.16%,所含的属数占本区种子植物总属数的26.86%,但科数仅占本区种子植物总科数的4.46%。由此表明,本区种子植物区系中的大科、较大科,共计6科,在本区植物区系中占有极重要的地位。

中等科(含11~29种)有9科,含186种、97属,这9科为百合科Liliaceae(13/28)、莎草科Cyperaceae(8/25)、石竹科Caryophyllaceae(11/24)、蓼科Polygonaceae(5/22)、玄参科Scrophulariaceae(14/20)、伞形科Apiaceae(15/19)、十字花科Cruciferae(12/18)、虎耳草科Saxifragaceae(8/16)和兰科Orchidaceae(11/14)等,所含种数占本区种子植物总种数的20.11%,所含属数占本区种子植物总属数的21.18%,但科数仅占本区总科数的8.04%,表明这9科在本区植物区系中也占有重要地位。

小科(含2~10种)有64科,含314种、163属,所含种数占本区种子植物总种数的33.95%,所含属数占本区种子植物总属数的35.59%,科数占本区总科数的57.14%。含10种的科有杨柳科(Salicaceae)、大戟科(Euphordiaceae)、木樨科(Oleaceae)、龙胆科(Gentianaceae)和茄科(Solanaceae)等;含6~9种的科有20科,如榆科(Ulmaceae)、藜科(Chenopodiaceae)、景天科(Crassulaceae)、荨麻科(Urticaceae)、罂粟科(Papaveraceae)、鼠李科(Rhamnaceae)、萝藦科(Asclepiadaceae)、茜草科(Rubiaceae)、忍冬科(Caprifoliaceae)、五福花科(Adoxaceae)和桔梗科(Capanulaceae)等;含5种的科有牻牛儿苗科(Geraniaceae)、槭树科(Aceraceae)、五加科(Araliaceae)、马鞭草科(Verbenaceae)、山茱萸科(Cornaceae)、报春花科(Primulaceae)、天南星科(Araceae)和鸢尾科(Iridaceae)等11科;含2~4种的科有27科,如漆树科(Anacardiaceae)、眼子菜科(Potamogetonaceae)、胡桃科(Juglandaceae)、芍药科(Paeoniaceae)、芸香科(Rutaceae)、败酱科(Valerianaceae)、松科(Pinaceae)、柏科(Cupressaceae)、椴树科(Tiliaceae)、胡颓子科(Elaeagnaceae)、鹿蹄草科(Pyrolaceae)、鸭跖草科(Commelinaceae)和薯蓣科(Dioscoreaceae)等。

单种科(含1种)有34科,含34种、34属,所含种数占本区种子植物总种数的3.68%,所含属数占本区总属数的7.42%,单种科数占本区总科数的30.36%,如麻黄科(Ephedraceae)、金粟兰科(Chloranthaceae)、马兜铃科(Aristolochiaceae)、金鱼藻科(Ceratophyllaceae)、木通科(Lardizabalaceae)、五味子科(Schisandraceae)、樟科(Lauraceae)、楝科(Meliaceae)、省沽油科(Staphyleaceae)、清风藤科(Sabiaceae)、猕猴桃科(Actinidiaceae)、安息香科(Styracaceae)、小二仙草科(Haloragaceae)、千屈菜科(Lythraceae)、马钱科(Loganiaceae)、水麦冬科(Juncaginaceae)、水鳖科(Hydrocharitaceae)、雨久花科(Pontederiaceae)和灯心草科(Juncaceae)等。

3.1.2.1 属的大小

陕西延安黄龙山褐马鸡国家级自然保护区种子植物属的大小分为:大属(≥30种)、较大属(含15~29种)、中等属(含5~14种)、小属(含2~4种)和单种属(含1种),具体见表3-3。

表3-3 陕西延安黄龙山褐马鸡国家级自然保护区种子植物属的大小统计

属的类型	1种属 1	小属 2~4	中等属 5~14	较大属 15~29	大属 ≥30	合计
属	268	152	37	1	0	458
比例(%)	58.55	33.19	8.08	0.22	0.00	100.00
种	268	391	243	23	0	925
比例(%)	28.97	42.27	26.27	2.49	0.00	100.00

大属(≥30种):本区无大属。

较大属(含15~29种)仅有蒿属(*Artemisia*)1属,含23种,所含种数占本区种子植物总种数的2.49%,属数仅占本区总属数的0.22%。

中等属(含5~14种)有37属,含243种,所含种数占本区种子植物总种数的26.27%,属数仅占本区总属数的8.08%,其中含10~14种的有蓼属(*Polygonum*)、薹草属(*Carex*)、铁线莲属(*Clematis*)和委陵菜属(*Potentilla*)等4属;含6~9种的有18属,如柳属(*Salix*)、黄耆属(*Astragalus*)、紫菀属(*Aster*)胡枝子属(*Lespedeza*)、野豌豆属(*Vicia*)、堇菜属(*Viola*)、小檗属(*Berberis*)、栒子属(*Cotoneaster*)、蔷薇属(*Rosa*)、锦鸡儿属(*Caragana*)、葱属(*Allium*)等;含5种的属有14属,如栎属(*Quercus*)、枫属(*Acer*)、山茱萸属(*Cornus*)、天门冬属(*Asparagus*)和黄精属(*Polygonatum*)等。

小属(含2~4种)有153属,含393种,所含种数占本区种子植物总种数的42.53%,属数占本区总属数的33.48%,其中含4种的有23属,如酸模属(*Rumex*)、乌头属(*Aconitum*)、唐松草属(*Thalictrum*)、紫堇属(*Corydalis*)、茶藨子属(*Ribes*)、山楂属(*Crataegus*)、槐属(*Sophora*)、老鹳草属(*Geranium*)、蛇葡萄属(*Ampelopsis*)、丁香属(*Syringa*)、茜草属(*Rubia*)、荚蒾属(*Viburnum*)、菊属(*Chrysanthemum*)、芨芨草属(*Achnatherum*)、画眉草属(*Eragrostis*)、水葱属(*Schoenoplectus*)和鸢尾属(*Iris*)等;含3种的有41属,如胡桃属(*Juglans*)、鹅耳枥属(*Carpinus*)、朴属(*Celtis*)、桑属(*Morus*)、芍药属(*Paeonia*)、翠雀属(*Delphinium*)、南芥属(*Arabis*)、景天属(*Sedum*)、金腰属(*Chrysosplenium*)、桃属(*Amygdalus*)、苜蓿属(*Medicago*)、南蛇藤属(*Celastrus*)、卫矛属(*Euonymus*)、五加属(*Eleutherococcus*)、当归属(*Angelica*)、柴胡属(*Bupleurum*)、白蜡树属(*Fraxinus*)、香茶菜属(*Isodon*)、鬼针草属(*Bidens*)、火绒草属(*Leontopodium*)、眼子菜属(*Potamogeton*)和针茅属(*Stipa*)等;含2种的有89属,如松属(*Pinus*)、杨属(*Populus*)、百蕊草属(*Thesium*)、银莲花属(*Anemone*)、八宝属(*Hylotelephium*)、山梅花属(*Philadelphus*)、稠李属(*Padus*)、木蓝属(*Indigofera*)、露珠草属(*Circaea*)、珍珠菜属(*Lysimachia*)、獐牙菜属(*Swertia*)、紫草属(*Lithospermum*)、远志属(*Polygala*)、香薷属(*Elsholtzia*)、益母草属(*Leonurus*)、列当属(*Orobanche*)、接骨木属(*Sambucus*)、天名精属(*Carpesium*)、拂子茅属(*Calamagrostis*)、野青茅属(*Deyeuxia*)、狼尾草属(*Pennisetum*)、三毛草属(*Trisetum*)、莎草属(*Cyperus*)、半夏属(*Pinellia*)、薯蓣属(*Dioscorea*)、头蕊兰属(*Cephalanthera*)、兜被兰属(*Neottianthe*)和舌唇兰属(*Platanthera*)等。

单种属(含1种)有268属,含268种,所含种数占本区种子植物总种数的28.97%,属数占本区总属数的58.55%,其中裸子植物中单种属有侧柏属(*Platycladus*)、刺柏属(*Juniperus*)和麻黄属(*Ephedra*)等3属,被子植物单种属有264属,如金粟兰属(*Chloranthus*)、桦木属(*Betula*)、虎榛子属(*Ostryopsis*)、栗属(*Castanea*)、刺榆属(*Hemiptelea*)、柘属(*Maclura*)、冷水花属(*Pilea*)、桑寄生属(*Loranthus*)、马兜铃属(*Aristolochia*)、大黄属(*Rheum*)、无心菜属(*Arenaria*)、薄蒴草属(*Lepyrodiclis*)、孩儿参属(*Pseudostellaria*)、木通属(*Akebia*)、类叶升麻属(*Actaea*)、淫羊藿属(*Epimedium*)、五味子属(*Schisandra*)、角茴香属(*Hypecoum*)、芝麻菜属(*Eruca*)、扯根菜属(*Penthorum*)、白鹃梅属(*Exochorda*)、花楸属(*Sorbus*)、两型豆属(*Amphicarpaea*)、长柄山蚂蝗属(*Hylodesmum*)、黄檗属(*Phellodendron*)、香椿属(*Toona*)、地构叶属(*Speranskia*)、文冠果属(*Xanthoceras*)、枳椇属(*Hovenia*)、猕猴桃属(*Actinidia*)、沙棘属(*Hippophae*)、刺

楸属(Kalopanax)、迷果芹属(Sphallerocarpus)、海乳草属(Glaux)、安息香属(Styrax)、连翘属(Forsythia)、荇菜属(Nymphoides)、大青属(Clerodendron)、活血丹属(Glechoma)、松蒿属(Phtheirospermum)、牛蒡属(Arctium)、鳢肠属(Eclipta)、孔颖草属(Bothriochloa)、知母属(Anemarrhena)、毛杓兰属(Cypripedium)、掌裂兰属(Dactylorhiza)、斑叶兰属(Goodyera)等,其中单型属有侧柏属、刺榆属、鹅肠菜属、芝麻菜属、水棘针属、文冠果属、刺楸属、迷果芹属、海乳草属、款冬属和知母属等20属;寡型属主要有虎榛子属、薄蒴草属、扯根菜属、黄檗属、地构叶属、枳椇属、松蒿属和鳢肠属等15属。

3.2 种子植物区系的优势类群

3.2.1 优势科

依据李仁伟(2001)、李登武(2009)对某一区域种子植物区系优势科的确定方法,陕西延安黄龙山褐马鸡国家级自然保护区种子植物区系的优势科有12科(表3-4),占总科数的10.71%,含529种、230属,分别占本区种子植物总种数的57.19%、总属数的50.22%,这些科仅百合科(Liliaceae)1科为北温带分布,其余均为世界分布,主要有菊科(Asteraceae)、禾本科(Poaceae)、蔷薇科(Rosaceae)、豆科(Fabaceae)、毛茛科(Ranunculaceae)、唇形科(Lamiaceae)、莎草科(Cyperaceae)、石竹科(Caryophyllaceae)、蓼科(Polygonaceae)、伞形科(Apiaceae)和玄参科(Scrophulariaceae)。

表3-4 陕西延安黄龙山褐马鸡国家级自然保护区种子植物的优势科

科名	属数	种数	分布型	科名	属数	种数	分布型
菊科 Asteraceae	41	112	世界分布	百合科 Liliaceae	13	28	北温带分布
禾本科 Poaceae	47	81	世界分布	莎草科 Cyperaceae	8	25	世界分布
蔷薇科 Rosaceae	21	68	世界分布	石竹科 Caryophyllaceae	11	24	世界分布
豆科 Fabaceae	25	66	世界分布	蓼科 Polygonaceae	5	22	世界分布
毛茛科 Ranunculaceae	11	33	世界分布	伞形科 Apiaceae	15	19	世界分布
唇形科 Lamiaceae	19	31	世界分布	玄参科 Scrophulariaceae	14	20	世界分布

3.2.2 优势属

依据李仁伟(2001)、李登武(2009)对某一区域种子植物优势属的确定方法,并结合本区子植物属级分类群的种类构成,将本区种子植物中≥7种的属确定为优势属,共有16属(表3-5),含152种,分别占本区种子植物总属数的3.49%、总种数的16.43%。其中世界分布有6属,主要有蒿属(Artemisia)、蓼属(Polygonum)、薹草属(Carex)、铁线莲属(Clematis)、黄耆属(Astragalus)、堇菜属(Viola);北温带分布及其变型有9属,主要有委陵菜属(Potentilla)、柳属(Salix)、紫菀属(Aster)、披碱草属(Elymus)、蝇子草属(Silene)、苹果属(Malus)、野豌豆属(Vicia)、忍冬属(Lonicera)、葱属(Allium);东亚和北美间断分布仅有胡枝子属(Lespedeza)1属。

表3-5 陕西延安黄龙山褐马鸡国家级自然保护区种子植物的优势属

属名	种数	分布型	属名	种数	分布型
蒿属 Artemisia	23	世界分布	紫菀属 Aster	8	北温带分布
蓼属 Polygonum	13	世界分布	披碱草属 Elymus	8	北温带分布
薹草属 Carex	12	世界分布	蝇子草属 Silene	7	北温带分布
铁线莲属 Clematis	10	世界分布	苹果属 Malus	7	北温带分布

续表

属名	种数	分布型	属名	种数	分布型
委陵菜属 Potentilla	10	北温带分布	野豌豆属 Vicia	7	北温带分布
黄耆属 Astragalus	9	世界分布	堇菜属 Viola	7	世界分布
胡枝子属 Lespedeza	9	东亚和北美间断分布	忍冬属 Lonicera	7	北温带分布
柳属 Salix	8	北温带分布	葱属 Allium	7	北温带分布

3.3 种子植物区系的表征类群

3.3.1 表征科

依据李仁伟(2001)、李登武(2009)对某一区域种子植物表征科的确定方法,结合本区种子植物区系的主要科级分类群的区系重要值(表3-6),确定了表征科,共有5科,占本区种子植物总科数的4.46%,即为杨柳科(Salicaceae)、蔷薇科(Rosaceae)、木樨科(Oleaceae)、毛茛科(Ranunculaceae)、石竹科(Caryophyllaceae),其中蔷薇科、毛茛科和石竹科3科既是优势科,又是表征科。

表3-6 黄龙山褐马鸡保护区种子植物含10种以上的科的区系重要值及其大小排序

序号	科名	区系重要值	排序	序号	科名	区系重要值	排序
5	杨柳科 Salicaceae	68.28	1	102	禾本科 Poaceae	7.45	11
34	蔷薇科 Rosaceae	21.24	2	84	玄参科 Scrophulariaceae	6.79	12
72	木樨科 Oleaceae	20.36	3	109	百合科 Liliaceae	6.00	13
25	毛茛科 Ranunculaceae	19.65	4	66	莎草科 Cyperaceae	5.46	14
21	石竹科 Caryophyllaceae	15.30	5	35	豆科 Fabaceae	4.21	15
16	蓼科 Polygonaceae	11.96	6	31	十字花科 Brassicaceae	4.15	16
33	虎耳草科 Saxifragaceae	11.33	7	97	菊科 Asteraceae	2.95	17
82	伞形科 Apiaceae	10.77	8	44	大戟科 Euphordiaceae	1.67	18
74	唇形科 Lamiaceae	9.52	9	112	兰科 Orchidaceae	1.43	19
103	龙胆科 Gentianaceae	8.93	10				

科的区系重要值平均值:12.50。

3.3.2 表征属

依据李仁伟(2001)、李登武(2009)对某一区域种子植物表征属的确定方法,并结合陕西延安黄龙山褐马鸡国家级自然保护区种子植物区系的主要属级分类群的区系重要值(表3-7),确定了本区种子植物区系的表征属有14属,即有胡枝子属(Lespedeza)、苹果属(Malus)、榆属(Ulmus)、山茱萸属(Cornus)、蟹甲草属(Parasenecio)、黄精属(Polygonatum)、栒子属(Cotoneaster)、绣线菊属(Spiraea)、蒿属(Artemisia)、锦鸡儿属(Caragana)、蓼属(Polygonum)、紫菀属(Aster)、披碱草属(Elymus)和野豌豆属(Vicia)等,其中蓼属、苹果属、胡枝子属、野豌豆属、蒿属、紫菀属和披碱草属等7属既是优势属,又是表征属。

表 3-7 黄龙山褐马鸡保护区种子植物含 5 种以上的属的区系重要值及其大小排序

序号	属名	SP1	SP2	FVg	序号	属名	SP1	SP2	FVg
1	胡枝子属 Lespedeza	60	9	15.00	20	鹅绒藤属 Cynanchum	200	6	3.00
2	苹果属 Malus	55	7	12.73	21	繁缕属 Stellaria	190	5	2.63
3	榆属 Ulmus	40	5	12.50	22	天门冬属 Asparagus	230	5	2.17
4	山茱萸属 Cornus	55	5	9.09	23	委陵菜属 Potentilla	500	10	2.00
5	蟹甲草属 Parasenecio	60	5	8.33	24	蓟属 Cirsium	275	5	1.82
6	黄精属 Polygonatum	60	5	8.33	25	栎属 Quercus	300	5	1.67
7	栒子属 Cotoneaster	90	6	6.67	26	棘豆属 Oxytropis	310	5	1.61
8	绣线菊属 Spiraea	90	6	6.67	27	柳属 Salix	520	8	1.54
9	蒿属 Artemisia	380	23	6.05	28	风毛菊属 Saussurea	415	6	1.45
10	锦鸡儿属 Caragana	100	6	6.00	29	堇菜属 Viola	550	7	1.27
11	蓼属 Polygonum	230	13	5.65	30	小檗属 Berberis	500	6	1.20
12	紫菀属 Aster	152	8	5.26	31	蝇子草属 Silene	600	7	1.17
13	披碱草属 Elymus	170	8	4.71	32	葱属 Allium	660	7	1.06
14	野豌豆属 Vicia	160	7	4.38	33	早熟禾属 Poa	500	5	1.00
15	忍冬属 Lonicera	180	7	3.89	34	悬钩子属 Rubus	700	5	0.71
16	枫属 Acer	129	5	3.88	35	薹草属 Carex	2000	12	0.60
17	铁线莲属 Clematis	300	10	3.33	36	黄耆属 Astragalus	3000	9	0.30
18	鼠李属 Rhamnus	150	5	3.33	37	大戟属 Euphorbia	2000	5	0.25
19	蔷薇属 Rosa	200	6	3.00					

注:SP1 世界种数;SP2 本区种数;FVg 的平均值:4.17。

3.4 种子植物区系的地理成分

3.4.1 科的地理成分

依据李锡文(1996)、吴征镒(2003)、吴征镒等(2006)对中国种子植物区系科的分布区类型的划分方法,将陕西延安黄龙山褐马鸡国家级自然保护区种子植物科的分布区类型划分为 10 个,具体见表 3-8。

表 3-8 陕西延安黄龙山褐马鸡国家级自然保护区种子植物科的分布区类型

分布区类型	科数	占总科数的 %
1. 世界分布	46	—
2. 泛热带分布	31	46.97
3. 热带亚洲和热带美洲间断分布	6	9.09
4. 旧世界热带分布	1	1.52

续表

分布区类型	科数	占总科数的%
5. 热带亚洲至热带大洋洲分布	1	1.52
7. 热带亚洲分布	1	1.52
8. 北温带分布	23	34.85
9. 东亚和北美间断分布	1	1.52
10. 旧世界温带分布	1	1.52
14. 东亚分布	1	1.52
合计	112	100.00

注：百分比不包括世界分布。

世界分布

本区世界分布共有46科，包含了本区的11个优势科、4个表征科；其他如主要湿生或水生植物有金鱼藻科（Ceratophyllaceae）、小二仙草科（Haloragaceae）、睡菜科（Menyanthaceae）、香蒲科（Typhaceae）、眼子菜科（Potamogetonaceae）、水麦冬科（Juncaginaceae）、泽泻科（Alismataceae）和水鳖科（Hydrocharitaceae）等8科；广布于全世界热带至温带地区的有榆科（Ulmaceae）、藜科（Chenopodiaceae）、苋科（Amaranthaceae）、车前科（Plantaginaceae）、鼠李科（Rhamnaceae）、马齿苋科（Portulacaceae）、堇菜科（Violaceae）、紫草科（Boraginaceae）、茄科（Solanaceae）、瑞香科（Thymelaeaceae）和桔梗科（Campanulaceae）等，广布于全世界热带、亚热带地区（少数分布于温带地区）的有桑科（Moraceae）、酢浆草科（Oxalidaceae）、茜草科（Rubiaceae）、千屈菜科（Lythraceae）、远志科（Polygalaceae）、旋花科（Convolvulaceae）、兰科（Orchidaceae），广布于温带地区（少数分布于热带、亚热带地区）的有虎耳草科（Saxifragaceae）、景天科（Crassulaceae）、十字花科（Cruciferae）、报春花科（Primulaceae）、白花丹科（Plumbaginaceae）、龙胆科（Gentianaceae）、柳叶菜科（Onagraceae）和败酱科（Valerianaceae）等。

热带分布

本区热带分布共有40科，占本区种子植物总科数（不包括世界分布科，下同）的60.61%，具体如下：

（1）泛热带分布及其变型　本区有31科，占本区热带分布总科数的77.50%，占本区种子植物总科数的46.97%，显然占绝对优势，典型的泛热带分布本区有29科，主要有金粟兰科（Chloranthaceae）、荨麻科（Urticaceae）、檀香科（Santalaceae）、桑寄生科（Loranthaceae）、马兜铃科（Aristolochiaceae）、防己科（Menispermaceae）、樟科（Lauraceae）、蒺藜科（Zygophyllaceae）、芸香科（Rutaceae）、大戟科（Euphorbiaceae）、藤黄科（Clusiaceae）、苦木科（Simaroubaceae）、楝科（Meliaceae）、漆树科（Anacardiaceae）、卫矛科（Celastraceae）、无患子科（Sapindaceae）、葡萄科（Vitaceae）、锦葵科（Malvaceae）、柿树科（Ebenaceae）、夹竹桃科（Apocynaceae）、萝藦科（Asclepiadaceae）、紫葳科（Bignoniaceae）、葫芦科（Cucurbitaceae）、天南星科（Araceae）、鸭跖草科（Commelinaceae）、雨久花科（Pontederiaceae）、薯蓣科（Dioscoreaceae）和凤仙花科（Balsaminaceae）等。

该分布区类型本区有1变型——热带亚洲-热带非洲-热带美洲（南美洲）分布，该变型本区仅有椴树科（Tiliaceae）和鸢尾科（Iridaceae）2科。

（2）热带亚洲和热带美洲间断分布　本区有木通科（Lardizabalaceae）、省沽油科（Staphyleaceae）、五加科（Araliaceae）、马鞭草科（Verbenaceae）、安息香科（Styracaceae）和苦苣苔科（Gesneriaceae）等6科，占本区热带分布总科数的15.00%，占本区种子植物总科数的9.09%。

（3）旧世界热带分布　本区仅有八角枫科（Alangiaceae）1科，占本区热带分布总科数的2.50%，占本区种子植物总科数的1.52%。

(4)热带亚洲至热带大洋洲分布　该分布区类型本区仅有马钱科(Loganiaceae)1科,占本区热带分布总科数的2.50%,占本区种子植物总科数的1.52%。

(5)热带亚洲分布　该分布区类型本区仅有清风藤科(Sabiaceae)1科,占本区热带分布总科数的2.50%,占本区种子植物总科数的1.52%。

温带分布

本区温带分布共有25科,占本区种子植物总科数的37.88%,具体如下:

(1)北温带分布及其变型　本区有23科,占本区温带分布总科数的92.00%,占本区种子植物总科数的34.85%,其中典型的北温带分布有松科(Pinaceae)、大麻科(Cannabaceae)、芍药科(Paeoniaceae)、列当科(Orobanchaceae)、忍冬科(Caprifoliaceae)、五福花科(Adoxaceae)、百合科(Liliaceae)和北极花科(Linnaeaceae)等8科。

北温带分布本区有2个变型,具体为:①北温带和南温带间断分布　该变型本区有柏科(Cupressaceae)、杨柳科(Salicaceae)、胡桃科(Juglandaceae)、桦木科(Betulaceae)、壳斗科(Fagaceae)、罂粟科(Papaveraceae)、牻牛儿苗科(Geraniaceae)、亚麻科(Linaceae)、槭树科(Aceraceae)、山茱萸科(Cornaceae)、鹿蹄草科(Pyrolaceae)、灯心草科(Juncaceae)和胡颓子科(Elaeagnaceae)等13科;②欧亚和南美洲间断分布　该变型本区仅有麻黄科(Ephedraceae)和小檗科(Berberidaceae)2科。

(2)东亚和北美间断分布　该分布区类型本区仅有五味子科(Schisandraceae)1科,占本区温带分布总科数的4.00%,占本区种子植物总科数的1.52%。

(3)旧世界温带分布及其变型　本区仅有1变型——地中海区、西亚(或中亚)和东亚间断分布,该变型本区仅有川续断科(Dipsacaceae)1科,占本区温带分布总科数的4.00%,占本区种子植物总科数的1.52%。

东亚分布

东亚分布本区仅有猕猴桃科(Actinidiaceae)1科,占本区种子植物总科数的1.52%。

3.4.2　属的地理成分

依据吴征镒等(2006)、吴征镒等(2011)对中国种子植物区系属的分布区类型的划分方法,将陕西延安黄龙山褐马鸡国家级自然保护区种子植物属的分布区类型划分为15个,具体见表3-9。

表3-9　陕西延安黄龙山褐马鸡国家级自然保护区种子植物属的分布区类型

	分布区类型	黄龙山褐马鸡保护区		黄土高原**	
		属数	占总属数的%*	属数	占总属数的%*
世界广布(67)	1. 世界分布	67	—	74	—
热带分布(81, 20.72%)	2. 泛热带分布	47	12.02	85	10.76
	3. 热带亚洲和热带美洲间断分布	6	1.53	22	2.78
	4. 旧世界热带分布	9	2.30	18	2.28
	5. 热带亚洲和热带大洋洲分布	7	1.79	10	1.27
	6. 热带亚洲至热带非洲分布	5	1.28	20	2.53
	7. 热带亚洲分布	7	1.79	14	1.77

续表

分布区类型		黄龙山褐马鸡保护区		黄土高原**	
		属数	占总属数的%*	属数	占总属数的%*
温带分布 (276,70.59%)	8. 北温带分布	150	38.36	229	28.99
	9. 东亚-北美间断分布	30	7.67	56	7.09
	10. 旧世界温带分布	69	17.65	99	12.53
	11. 温带亚洲分布	15	3.84	28	3.54
	12. 中亚、西亚至地中海分布	10	2.56	60	7.59
	13. 中亚分布	2	0.51	33	4.18
东亚与中国特有分布 (34,8.70%)	14. 东亚分布	30	7.67	84	10.63
	15. 中国特有分布	4	1.02	32	4.05
	合计	458	100.00	864	100.00

注：* 百分比不包括世界分布；** 黄土高原种子植物属的分布区类型具体结果参考张文辉和李登武(2002)的研究结果。

世界分布

世界分布本区有67属，占黄土高原同类型属数的90.54%，其中菊科有7属，主要有蒿属(*Artemisia*)、鬼针草属(*Bidens*)、鼠麹草属(*Gnaphalium*)、千里光属(*Senecio*)和苍耳属(*Xanthium*)等，莎草科有6属，主要有三棱草属(*Bolboschoenus*)、薹草属(*Carex*)、莎草属(*Cyperus*)、荸荠属(*Eleocharis*)、水葱属(*Schoenoplectus*)和藨草属(*Scirpus*)等，禾本科有剪股颖属(*Agrostis*)、羊茅属(*Festuca*)、甜茅属(*Glyceria*)和早熟禾属(*Poa*)等4属，藜科有藜属(*Chenopodium*)、刺藜属(*Dysphania*)、碱蓬属(*Suaeda*)和猪毛菜属(*Salsola*)等4属，毛茛科(银莲花属 *Anemone*、铁线莲属 *Clematis*、毛茛属 *Ranunculus*)、十字花科(荠属 *Capsella*、蔊菜属 *Rorippa*、独行菜属 *Lepidium*)和唇形科(鼠尾草属 *Salvia*、黄芩属 *Scutellaria*、水苏属 *Stachys*)等各有3属、荨麻科、蓼科、豆科、茄科、眼子菜科、兰科(羊耳蒜属 *Liparis*、原沼兰属 *Malaxis*)等各有2属，苋科、石竹科、蔷薇科、远志科、大戟科、金鱼藻科、堇菜科、金丝桃科、伞形科、茜草科、报春花科、白花丹科、鼠李科、卫矛科、小二仙草科、千屈菜科、睡菜科、龙胆科、旋花科、车前科、香蒲科、水麦冬科、灯心草科等各有1属。

热带分布

热带分布本区有81属，占本区总属数(不包括世界分布，下同)的20.72%。具体如下：

(1)泛热带分布及其变型 该分布区类型本区有47属，占本区热带分布总属数的58.02%，占本区总属数的12.02%，占黄土高原同类型属数的55.29%，典型的泛热带分布有45属，其中禾本科有16属，如狼尾草属(*Pennisetum*)、芦苇属(*Phragmites*)、三芒草属(*Aristida*)、虎尾草属(*Chloris*)、穆属(*Eleusine*)、锋芒草属(*Tragus*)和柳叶箬属(*Isachne*)等，马鞭草科有大青属(*Clerodendron*)、马鞭草属(*Verbena*)和牡荆属(*Vitex*)等3属，再如荨麻科的艾麻属(*Laportea*)和苎麻属(*Boehmeria*)，锦葵科的苘麻属(*Abutilon*)和木槿属(*Hibiscus*)，菊科的鳢肠属(*Eclipta*)和豨莶属(*Siegesbeckia*)，均为寡型属，旋花科的菟丝子属(*Cuscuta*)和鱼黄草属(*Merremia*)，其他如榆科的朴属(*Celtis*)、豆科的木蓝属(*Indigofera*)、芸香科的花椒属(*Zanthoxylum*)、大戟科的铁苋菜属(*Acalypha*)、马兜铃科的马兜铃属(*Aristolochia*)、鼠李科的枣属(*Zizyphus*)、卫矛科的南蛇藤属(*Celastrus*)、柿树科的柿树属(*Diospyros*)、马钱科的醉鱼草属(*Buddleya*)、木樨科的迎春花属(*Jasminum*)、茄科的曼陀罗属(*Datura*)、莎草科的扁莎属(*Pycreus*)、鸭跖草科的鸭跖草属（*Commelina*）、百合科的菝葜属（*Smilax*）及薯蓣科的薯蓣属（*Dioscorea*）等。另外,该分布区类型本区有1变型——热带亚洲-热带非洲-热带美洲（南美洲）分布,该变型本区仅有茜草科的冷水花属（*Pilea*）和凤仙花科的凤仙花属（*Impatiens*）2属。

(2) 东亚（热带、亚热带）和热带南美间断分布　该分布区类型本区有6属,占本区热带分布总属数的7.41%,占本区总属数的1.53%,占黄土高原同类型属数的27.27%,主要有樟科的木姜子属（*Litsea*）、蔷薇科的地榆属（*Sanguisorba*）、苦木科的苦木属（*Picrasma*）、清风藤科的泡花树属（*Meliosma*）、鼠李科的雀梅藤属（*Sageretia*）和安息香科的安息香属（*Styrax*）等。

(3) 旧世界热带分布及其变型　该分布区类型本区有9属,占本区热带分布总属数的11.11%,占本区总属数的2.30%,占黄土高原同类型属数的50.00%,其中典型的旧世界热带分布有桑寄生科的槲寄生属（*Viscum*）、大戟科的白饭树属（*Flueggea*）、八角枫科的八角枫属（*Alangium*）、椴树科的扁担杆属（*Grewia*）、禾本科的荩草属（*Arthraxon*）和菅属（*Themeda*）、雨久花科的雨久花属（*Monochoria*）及百合科的天门冬属（*Asparagus*）等8属。另外,该分布区类型本区有1变型——热带亚洲、非洲和大洋洲间断或星散分布,该变型本区仅有檀香科的百蕊草属（*Thesium*）1属。

(4) 热带亚洲至热带大洋洲分布　该分布区类型本区有7属,占本区热带分布总属数的8.64%,占本区总属数的1.79%,占黄土高原同类型属数的70.00%,主要有豆科的大豆属（*Glycine*）、大戟科的雀舌木属（*Leptopus*）、瑞香科的荛花属（*Wikstroemia*）、玄参科的通泉草属（*Mazus*）、苦苣苔科的旋蒴苣苔属（*Boea*）、苦木科的臭椿属（*Ailanthus*）和楝科的香椿属（*Toona*）等。

(5) 热带亚洲至热带非洲分布　该分布区类型本区有5属,占本区热带分布总属数的6.17%,占本区总属数的1.28%,占黄土高原同类型属数的25.00%,主要有唇形科的香茶菜属（*Isodon*）、萝藦科的杠柳属（*Periploca*）、禾本科的莠竹属（*Microstegium*）和芒属（*Miscanthus*）及天南星科的斑龙芋属（*Sauromatum*）等。

(6) 热带亚洲分布　该分布区类型本区有7属,占本区热带分布总属数的8.64%,总属数的1.79%,占黄土高原同类型属数的50.00%,主要有金粟兰科的金粟兰属（*Chloranthus*）、桑科的构树属（*Broussonetia*）、蔷薇科的蛇莓属（*Duchensnea*）、豆科的葛藤属（*Pueraria*）、葫芦科的赤爮属（*Thladiantha*）及菊科的苦荬菜属（*Ixeris*）和小苦荬属（*Ixeridium*）等,其中蛇莓属为寡型属。

温带分布

温带分布本区有276属,占本区总属数的70.59%。具体如下:

(1) 北温带分布及其变型

该分布区类型本区有150属,占本区温带分布总属数的54.35%,占本区总属数的38.36%,占黄土高原同类型属数的65.50%,其中典型的北温带分布有72属,其中蔷薇科有龙芽草属（*Agrimonia*）、山楂属（*Crataegus*）、樱属（*Cerasus*）、苹果属（*Malus*）、蔷薇属（*Rosa*）、花楸属（*Sorbus*）和绣线菊属（*Spiraea*）等7属,毛茛科有乌头属（*Aconitum*）、类叶升麻属（*Actaea*）、耧斗菜属（*Aquilegia*）、升麻属（*Cimicifuga*）和白头翁属（*Pulsatilla*）等5属,玄参科（穗花属 *Pseudolysimachion*、马先蒿属 *Pedicularis*、柳穿鱼属 *Linaria*、山罗花属 *Melampyrum*）、菊科（香青属 *Anaphalis*、蓟属 *Cirsium*、泽兰属 *Eupatorium*、狗舌草属 *Tephroseris*）、百合科（百合属 *Lilium*、舞鹤草属 *Maianthemum*、黄精属 *Polygonatum*、藜芦属 *Veratrum*）等各有4属,桦木科（桦木属 *Betula*、鹅耳枥属 *Carpinus*、榛属 *Corylus*）、唇形科（风轮菜属 *Clinopodium*、青兰属 *Dracocephalum*、夏枯草属 *Prunella*）、禾本科（茵草属 *Beckmannia*、野青茅属 *Deyeuxia*、粟草属 *Milium*）和兰科（杓兰属 *Cypripedium*、掌裂兰属 *Dactylorhiza*、舌唇兰属 *Platanthera*）等各有3属,十字花科、虎耳草科、柳叶菜科（柳兰属 *Chamerion*、露珠草属 *Circaea*）、伞形科、漆树科（黄栌属 *Cotinus*、盐肤木属 *Rhus*）、天南星科（菖蒲属 *Acorus*、天南星属 *Arisaema*）等各有2属,松科、柏科、杨柳科、壳斗科、榆科、大麻科、蓼科、景天科、罂粟科、石竹科、芍药科、豆科、椴树科、葡萄科、省沽油科（省沽油属 *Staphylea*）、山茱萸科（山茱萸属 *Cornus*）、木樨科、龙胆科、报春花科（海乳草属 *Glaux*）、紫草科、忍冬科、五福花科、桔梗科和鸢尾科等各有1属,其中海乳草属为单型属,茵草属为寡型属。另外,该分布区类型本区有2变型,具体如下:

①北温带和南温带间断分布　该变型有66属,其中禾本科有黄花茅属(Anthoxanthum)、雀麦属(Bromus)、拂子茅属(Calamagrostis)、披碱草属(Elymus)、落草属(Koeleria)、臭草属(Melica)、虉草属(Phalaris)、棒头草属(Polypogon)、针茅属(Stipa)和三毛草属(Trisetum)等10属,蔷薇科有草莓属(Fragaria)、路边青属(Geum)、委陵菜属(Potentilla)、稠李属(Padus)和李属(Prunus)等5属,石竹科有无心菜属(Arenaria)、卷耳属(Cerastium)、漆姑草属(Sagina)和蝇子草属(Silene)等4属,伞形科有当归属(Angelica)、柴胡属(Bupleurum)、胡萝卜属(Daucus)和水芹属(Oenanthe)等4属,毛茛科、龙胆科、玄参科和兰科(火烧兰属Epipactis、斑叶兰属Goodyera、绶草属Spiranthes)等各有3属,十字花科、虎耳草科、豆科、鹿蹄草科、唇形科、茄科、菊科等各有2属,杨柳科、壳斗科、桑科、藜科、景天科、亚麻科、槭树科、柳叶菜科、胡颓子科、茜草科、报春花科、旋花科、紫草科、忍冬科、香蒲科、泽泻科和百合科等各有1属。

②欧亚和南美洲温带间断分布　该变型本区共有12属,即为禾本科有看麦娘属(Alopecurus)、短柄草属(Brachypodium)和赖草属(Leymus)等3属,菊科有火绒草属(Leontopodium)和蒲公英属(Taraxacum)等2属,麻黄科(麻黄属Ephedra)、胡桃科(胡桃属Juglans)、小檗科(小檗属Berberis)、十字花科(葶苈属Draba)、报春花科(点地梅属Androsace)、列当科(列当属Orobanche)和败酱科(缬草属Valeriana)等各有1属。

(2)东亚和北美间断分布

该分布区类型及其变型有30属,占本区温带分布总属数的10.87%,占本区总属数的7.67%,占黄土高原同类型属数的53.57%,其中典型的东亚和北美间断分布有28属,主要有柘属(Maclura)、蝙蝠葛属(Menispermum)、五味子属(Schisandra)、绣球属(Hydrangea)、扯根菜属(Penthorum)、落新妇属(Astilbe)、两型豆属(Amphicarpaea)、紫穗槐属(Amorpha)、皂荚属(Gleditsia)、鸡眼草属(Kummerowia)、胡枝子属(Lespedeza)、刺槐属(Robinia)、野决明属(Thermopsis)、紫藤属(Wisteria)、漆树属(Toxicodendron)、蛇葡萄属(Ampelopsis)、楤木属(Aralia)、蛇床属(Cnidium)、流苏树属(Chionanthus)、罗布麻属(Apocynum)、藿香属(Agastache)、腹水草属(Veronicastrum)、梓属(Catalpa)、莛子藨属(Triosteum)、耳菊属(Nabalus)、乱子草属(Muhlenbergia)、鹿药属(Smilacina)和头蕊兰属(Cephalanthera)等,其中蝙蝠葛属、扯根菜属、鸡眼草属为寡型属。

另外,该分布区类型本区有1变型——东亚和墨西哥间断分布　该变型本区仅有溲疏属(Deutzia)和大丁草属(Leibnitzia)2属。

(3)旧世界温带分布及其变型

该分布区类型本区有69属,占本区温带分布总属数的25.00%,占本区总属数的17.65%,占黄土高原同类型属数的69.70%。典型的旧世界温带分布有48属,其中菊科有12属,如牛蒡属(Arctium)、旋覆花属(Inula)、橐吾属(Ligularia)、蟹甲草属(Parasenecio)、毛连菜属(Picris)、风毛菊属(Saussurea)、苦苣菜属(Sonchus)和款冬属(Tussilago)等;唇形科有活血丹属(Glechoma)、夏至草属(Lagopsis)、香薷属(Elsholtzia)、益母草属(Leonurus)、荆芥属(Nepeta)和糙苏属(Phlomis)等6属;禾本科有芨芨草属(Achnatherum)、燕麦属(Avena)、隐子草属(Cleistogenes)和荞麦属(Fagopyrum)等4属;百合科有顶冰花属(Gagea)、萱草属(Hemerocallis)和重楼属(Paris)等3属;景天科(瓦松属Orostachys、费菜属Phedimus)、石竹科(鹅肠菜属Myosoton、麦蓝菜属Vaccaria)、蔷薇科(栒子属Cotoneaster、梨属Pyrus)、紫草科(狼紫草属Lycopsis、附地菜属Trigonotis)、玄参科(疗齿草属Odontites、阴行草属Siphonostegia)和兰科(角盘兰属Herminium、兜被兰属Neottianthe)等各有2属;其他如桑寄生科(桑寄生属Loranthus)、蓼科(大黄属Rheum)、十字花科(糖芥属Erysimum)、罂粟科(白屈菜属Chelidonium)、豆科(草木樨属Melilotus)、锦葵科(锦葵属Malva)、胡颓子科(沙棘属Hippophae)、伞形科(山芹属Ostericum)、败酱科(败酱属Patrinia)、川续断科(川续断属Dipsacus)和桔梗科(沙参属Adenophora)等各有1属。这些属中鹅肠菜属、麦蓝菜属为单型属。该分布区类型本区有3变型,具体如下:

①地中海区、西亚(或中亚)和东亚间断分布　该变型本区有桃属(Amygdalus)、窃衣属(Torilis)、连翘属(Forsythia)、丁香属(Syringa)和鸦葱属(Scorzonera)等5属。

②地中海区和喜马拉雅间断分　该变型仅有淫羊藿属（*Epimedium*）、角茴香属（*Hypercoum*）、鹅绒藤属（*Cynanchum*）和天仙子属（*Hyoscyamus*）等4属。

③欧亚和南非（有时也在澳大利亚）分布　该变型有12属，主要有石竹属（*Dianthus*）、苜蓿属（*Medicago*）、峨参属（*Anthriscus*）、前胡属（*Peucedanum*）、筋骨草属（*Ajuga*）、野芝麻属（*Lamium*）、蓝盆花属（*Scabiosa*）、天名精属（*Carpesium*）、莴苣属（*Lactuca*）、冰草属（*Agropyron*）、黑藻属（*Hydrilla*）和细莞属（*Isolepis*）等。

（4）温带亚洲分布

该分布区类型本区有15属，占本区温带分布总属数的5.43%，占本区总属数的3.84%，占黄土高原同类型属数的53.57%，主要有轴藜属（*Axyris*）、花旗杆属（*Dontostemon*）、杏属（*Armeniaca*）、白鹃梅属（*Exochorda*）、杭子梢属（*Campylotropis*）、锦鸡儿属（*Caragana*）、米口袋属（*Gueldenstaedtia*）、草瑞香属（*Diarthron*）、防风属（*Saposhnikovia*）、迷果芹属（*Sphallerocarpus*）、翼萼蔓属（*Pterygocalyx*）、水棘针属（*Amethystea*）、女菀属（*Turczaninovia*）、大油芒属（*Spodiopogon*）和知母属（*Anemarrhena*）等，其中防风属、迷果芹属、翼萼蔓属、水棘针属、知母属和女菀属等6属为单型属，白鹃梅属为寡型属。

（5）中亚、西亚至地中海分布及其变型

该分布区类型及其变型本区有10属，占本区温带分布总属数的3.62%，占本区总属数的2.56%，占黄土高原同类型属数的16.67%，典型的中亚、西亚至地中海分布本区有5属，即为芝麻菜属（*Eruca*）、涩芥属（*Malcolmia*）、苦马豆属（*Sphaerophysa*）、隐花草属（*Crypsis*）和离子芥属（*Chorispora*）等，其中芝麻菜属为单型属，苦马豆属为寡型属。另外，该分布区类型本区有3变型，具体为：①地中海区至中亚和南非洲和/或大洋洲间断分布　该变型本区有石头花属（*Gypsophila*）和漏芦属（*Rhaponticum*）2属；②地中海区至西亚或中亚和墨西哥或古巴间断分布　该变型仅有黄连木属（*Pistacia*）1属；③地中海区至温带、热带亚洲，大洋洲和/或北美南部至南美洲间断分布　该变型仅有甘草属（*Glycyrrhiza*）和牻牛儿苗属（*Erodium*）2属。

（6）中亚分布及其变型

该分布区类型及其变型本区仅有2属，占本区温带分布总属数的0.72%，占本区总属数的0.51%，占黄土高原同类型属数的6.06%，本区无典型的中亚分布，仅有2变型，具体为：①中亚东部至喜马拉雅和中国西南部分布　该变型仅有角蒿属（*Incarvillea*）1属；②西亚至喜马拉雅和西藏分布　该变型仅有薄蒴草属（*Lepyrodiclis*）1属，为寡型属。

东亚和中国特有分布

（1）东亚分布

东亚分布及其变型本区有30属，占本区总属数的7.67%，占黄土高原同类型属数的35.70%，其中典型的东亚分布有15属，主要有枳椇属（*Hovenia*）、猕猴桃属（*Actinidia*）、五加属（*Eleutherococcus*）、斑种草属（*Bothriospermum*）、长柄山蚂蝗属（*Hylodesmum*）、莸属（*Caryopteris*）、松蒿属（*Phtheirospermum*）、地黄属（*Rehmannia*）、野丁香属（*Leptodermis*）、四数花（吴茱萸）属（*Tetradium*）、六道木属（*Zabelia*）、党参属（*Codonopsis*）、泥胡菜属（*Hemisteptia*）、沿阶草属（*Ophiopogon*）和射干属（*Belamcanda*）等，其中泥胡菜属为单型属，枳椇属和松蒿属为寡型属。另外，东亚分布本区有2变型，具体如下：

①中国－喜马拉雅分布（14SH）　该变型本区有秃疮花属（*Dicranostigma*）、扁核木属（*Prinsepia*）、竹叶子属（*Streptolirion*）和膨果豆属（*Phyllolobium*）等4属，其中竹叶子属为单型属，秃疮花属为寡型属。

②中国－日本分布（14SJ）　该变型本区有11属，即为侧柏属（*Platycladus*）、刺榆属（*Hemiptelea*）、木通属（*Akebia*）、博落回属（*Macleaya*）、黄檗属（*Phellodendron*）、刺楸属（*Kalopanax*）、萝藦属（*Metaplexis*）、桔梗属（*Platycodon*）、苍术属（*Atractylodes*）、假还阳参属（*Crepidiastrum*）和半夏属（*Pinellia*）等，其中侧柏属、刺榆属、刺楸属和桔梗属等4属为单型属，博落回属和黄檗属2属为寡型属。

（2）中国特有分布　本区分布的中国特有属有4属，占本区总属数的1.02%，占黄土高原同类型属数的12.50%，这4属为虎榛子属（*Ostryopsis*）、地构叶属（*Speranskia*）、栾树属（*Koelreuteria*）和文冠果属

(*Xanthoceras*),前3属为寡型属,后1属为单型属。

3.4.3 种的地理成分

依据陕西延安黄龙山褐马鸡国家级自然保护区种子植物的实际分布区域,并考虑影响其地理分布的主要因素,参照吴征镒等(2006)、吴征镒等(2011)对中国种子植物属的分布区类型划分标准及确定的名称,将本区种子植物种的分布区类型划分为14个,具体见表3-10。

表3-10 陕西延安黄龙山褐马鸡国家级自然保护区种子植物种的分布区类型

分布区类型		种数	占总种数的%*
	1. 世界分布	53	—
热带分布 (48,5.50%)	2. 泛热带分布	31	3.56
	3. 热带亚洲和热带美洲间断分布	0	0.06
	4. 旧世界热带分布	3	0.34
	5. 热带亚洲和热带大洋洲分布	4	0.46
	6. 热带亚洲至热带非洲分布	2	0.23
	7. 热带亚洲分布	8	0.92
温带分布 (345,39.56%)	8. 北温带分布	50	5.73
	9. 东亚-北美间断分布	12	1.38
	10. 旧世界温带分布	106	12.16
	11. 温带亚洲分布	167	19.15
	12. 中亚、西亚至地中海分布	6	0.69
	13. 中亚分布	4	0.46
东亚与中国特有分布 (479,54.93%)	14. 东亚分布	251	28.78
	15. 中国特有分布	228	26.15
合计		925	100.00

*注:不包括世界种。

1. 世界分布

世界分布本区共有53种,无木本植物,全为草本植物,以常见的杂草、水生或沼生草本植物居多,如藜(*Chenopodium album*)、灰绿藜(*Chenopodium glaucum*)、荠(*Capsella bursa-pastoris*)、田旋花(*Convolvulus arvensis*)、挂金灯(*Physalis alkekengi* var. *franchetii*)、狗尾草(*Setaria viridis*)、婆婆针(*Bidens bipinnata*)、苦苣菜(*Sonchus oleraceus*)、狐尾藻(*Myriophyllum verticillatum*)、千屈菜(*Lythrum salicaria*)、水烛(*Typha angustifolia*)、水麦冬(*Triglochin palustris*)、芦苇(*Phragmites australis*)、菹草(*Potamogeton crispus*)、沼泽荸荠(*Eleocharis palustris*)、沼泽荸荠(*Eleocharis palustris*)、水葱(*Schoenoplectus tabernaemontani*)、细莞(细秆蔍草,*Isolepis setacea*)和黑藻(*Hydrilla verticillata*)等。

2. 热带分布

本区热带分布有48种,占本区总种数(不包括世界种,下同)的5.47%,具体如下:

(1)泛热带分布 本区有31种,占本区热带分布总种数的64.58%,占本区总种数的3.56%,其中禾本科最多,有15种,如三芒草(*Aristida adscensionis*)、白羊草(*Bothriochloa ischaemum*)、虎尾草(*Chloris virgata*)、柳叶箬(*Isachne globosa*)和虱子草(*Tragus berteronianus*)等,莎草科有球穗扁莎(*Pycreus flavidus*)、红鳞扁莎（*P. sanguinolentus*）、萤蔺（*Schoenoplectus juncoides*）和水毛花（*Schoenoplectus mucronatus* subsp. *robustus*）等 4 种，大戟科有铁苋菜（*Acalypha australis*）、苞裂铁苋菜（*A. supera*）、乳浆大戟（*Euphorbia esula*）和泽漆（*E. helioscopia*）等 4 种，锦葵科有苘麻（*Abutilon theophrasti*）、野西瓜苗（*Hibiscus trionum*）等 2 种，荨麻科、苋科、商陆科、茄科、旋花科和马鞭草科等各有 1 种。

（2）旧世界热带分布　本区仅有禾本科的荩草（*Arthraxon hispidus*）和黄背草（*Themeda triandra*）及雨久花科的鸭舌草（*Monochoria vaginalis*）等 3 种，占本区热带分布总种数的 6.25%，占本区总种数的 0.34%。

（3）热带亚洲和热带大洋洲分布　本区有豆科的葛藤（*Pueraria montana*）、唇形科的荔枝草（*Salvia plebeia*）及菊科的细叶鼠麴草（*Gnaphalium japonicum*）和泥胡菜（*Hemisteptia lyrata*）等 4 种，占本区热带分布总种数的 8.33%，占本区总种数的 0.46%。

（4）热带亚洲至热带非洲分布　本区仅有蓼科的尼泊尔蓼（*Polygonum nepalense*）和八角枫科的八角枫（*Alangium chinense*）等 2 种，占本区热带分布总种数的 4.17%，占本区总种数的 0.23%。

（5）热带亚洲分布　本区有 8 种，占本区热带分布总种数的 16.67%，占本区总种数的 0.92%，主要有桑科的构树（*Broussonetia papyrifera*）、蔷薇科的蛇莓（*Duchesnea indica*）、苦木科的苦树（苦木，*Picrasma quassioides*）、楝科的香椿（*Toona sinensis*）、大戟科的雀儿舌头（黑构叶，*Leptopus chinensis*）、玄参科的通泉草（*Mazus pumilus*）、禾本科的柔枝莠竹（*Microstegium vimineum*）及百合科的羊齿天门冬（*Asparagus filicinus*）等。

3. 温带分布

温带分布本区有 345 种，占本区总种数的 41.85%，具体如下：

（1）北温带分布　本区有 50 种，占本区温带分布总种数的 14.49%，占本区总种数的 5.73%，其中禾本科有看麦娘（*Alopecurus aequalis*）、茅香（*Anthoxanthum nitens*）、茵草（*Beckmannia syzigachne*）、止血马唐（*Digitaria ischaemum*）、落草（*Koeleria macrantha*）、粟草（*Milium effusum*）、虉草（*Phalaris arundinacea*）、西伯利亚三毛草（*Trisetum sibiricum*）等 8 种，菊科有多叶蓍（*Achillea millefolium*）、黄花蒿（*A. annua*）、龙蒿（狭叶青蒿，*A. dracunculus*）、北艾（*A. vulgaris*）、飞蓬（*Erigeron acris*）和乳苣（*Lactuca tatarica*）等 6 种，蓼科（水蓼，*Polygonum hydropiper*）、马蓼（酸模叶蓼，*P. lapathifolium*、珠芽拳参（珠芽蓼，*P. viviparum*）、酸模（*Rumex acetosa*）、唇形科：薄荷（*Mentha haplocalyx*）、夏枯草（*Prunella vulgaris*）、甘露子（地蚕，*Stachys sieboldii*）、益母草（*Leonurus japonicus*）、荆芥（*Nepeta cataria*）等各有 5 种，蔷薇科有野草莓（*Fragaria vesca*）、路边青（*Geum aleppicum*）、蕨麻（鹅绒委陵菜，*Potentilla anserina*）、多裂委陵菜（*Potentilla multifida*）等 4 种，石竹科：无心菜（*Arenaria serpyllifolia*）、卷耳（*Cerastium arvense*）、蔓茎蝇子草（*Silene repens*）、十字花科：硬毛南芥（*Arabis hirsuta*）、葶苈（*Draba nemorosa*）、小花糖芥（*Erysimum cheiranthoides*）、柳叶菜科：柳兰（*Chamerion angustifolium*）、沼生柳叶菜（*Epilobium palustre*）、高山露珠草（*Circaea alpina*）等各有 3 种，百合科：茖葱（茖韭，*Allium victorialis*）、舞鹤草（*Maianthemum bifolium*）和兰科：原沼兰（*Malaxis monophyllos*）、凹舌掌裂兰（*Dactylorhiza viridis*）等各有 2 种，荨麻科（透茎冷水花，*Pilea pumila*）、大麻科（啤酒花，*Humulus lupulus*）、毛茛科（石龙芮，*Ranunculus sceleratus*）、鹿蹄草科（松下兰，*Monotropa hypopitys*）、报春花科（海乳草，*Glaux maritima*）、旋花科（篱打碗花，*Calystegia sepium*）、紫草科（鹤虱，*Lappula myosotis*）、香蒲科（黑三棱，*Sparganium stoloniferum*）、天南星科（菖蒲（白菖蒲）*Acorus calamus*）等各有 1 种。

（2）东亚－北美间断分布　本区有 12 种，占本区温带分布总种数的 3.48%，占本区总种数的 1.38%，主要有杠板归（*Polygonum perfoliatum*）、紫穗槐（*Amorpha fruticosa*）、长萼鸡眼草（*Kummerowia stipulacea*）、鸡眼草（*K. striata*）、刺槐（*Robinia pseudoacacia*）、截叶铁扫帚（*Lespedeza cuneata*）、蛇床（*Cnidium monnieri*）、黄海棠（*Hypericum ascyron*）、藿香（*Agastache rugosa*）、忍冬（*Lonicera japonica*）、金银忍冬（*Lonicera maackii*）和小蓬草（小白酒草，*Erigeron canadensis*）等，这些种在北美大多为归化种，紫穗槐、刺槐在我国为归化种，小蓬草在我国为逸生种。

（3）旧世界温带分布　本区有 106 种，占本区温带分布总种数的 30.72%，占本区总种数的 12.16%，其中菊科最多，有 12 种，主要有牛蒡（Arctium lappa）、细裂叶莲蒿（Artemisia gmelinii）、烟管头草（Carpesium cernuum）、刺儿菜（Cirsium arvense var. integrifolium）、旋覆花（Inula japonica）、齿叶橐吾（Ligularia dentata）、草地风毛菊（Saussurea amara）、鸦葱（Scorzonera austriaca）和款冬（款冬花，Tussilago farfara）等，禾本科有羽茅（Achnatherum sibiricum）、芨芨草（A. splendens）、西伯利亚剪股颖（Agrostis stolonifera）、巨序剪股颖（A. gigantea）、野燕麦（Avena fatua）、短柄草（Brachypodium sylvaticum）、无芒雀麦（Bromus inermis）、拂子茅（Calamagrostis epigeios）、假苇佛子茅（C. pseudophragmites）、糙隐子草（Cleistogenes squarrosa）、野青茅（Deyeuxia pyramidalis）、林地早熟禾（Poa nemoralis）等 14 种，石竹科有石竹（Dianthus chinensis）、瞿麦（Dianthus superbus）、狗筋蔓（Silene baccifera）、麦瓶草（S. conoidea）、沼生繁缕（Stellaria palustris）和麦蓝菜（王不留行，Vaccaria hispanica）等 9 种，豆科有牧地山黧豆（Lathyrus pratensis）、天蓝苜蓿（Medicago lupulina）、小苜蓿（M. minima）、草木樨（Melilotus officinalis）、广布野豌豆（Vicia cracca）等 7 种，蔷薇科有龙芽草（Agrimonia pilosa）、水栒子（Cotoneaster multiflorus）、二裂委陵菜（Potentilla bifurca）、朝天委陵菜（P. supina）、地榆（Sanguisorba officinalis）等 6 种，兰科有二叶舌唇兰（Platanthera chlorantha）、二叶兜被兰（Neottianthe cucullata）、角盘兰（Herminium monorchis）、头蕊兰（Cephalanthera longifolia）、火烧兰（Epipactis helleborine）等 5 种，玄参科有小米草（Euphrasia pectinata）、疗齿草（Odontites vulgaris）、返顾马先蒿（Pedicularis resupinata）、北水苦荬（Veronica anagallis-aquatica）等 4 种，藜科有刺藜（Dysphania aristata）、菊叶香藜（D. schraderiana）等，十字花科有垂果南芥（Arabis pendula）、播娘蒿（Descurainia sophia）、宽叶独行菜（Lepidium latifolium），茄科有天仙子（Hyoscyamus niger）、枸杞（Lycium chinense）、龙葵（Solanum nigrum），紫草科有田紫草（麦家公，Lithospermum arvense）、狼紫草（Lycopsis orientalis）、附地菜（Trigonotis peduncularis），伞形科有毒芹（Cicuta virosa）、小窃衣（破子草，Torilis japonica）、野胡萝卜（Daucus carota），莎草科有荆三棱（Bolboschoenus yagara）、水莎草（Cyperus serotinus）、槽秆荸荠（Eleocharis mitracarpa）等各有 3 种，牻牛儿苗科、锦葵科有圆叶锦葵（野锦葵，Malva pusilla）、野葵（M. verticillata），唇形科有香青兰（Dracocephalum moldavica）、香薷（Elsholtzia ciliata），百合科有玉竹（Polygonatum odoratum）、藜芦（Veratrum nigrum）等各有 2 种，杨柳科有黄花柳（Salix caprea）、荨麻科有麻叶荨麻（Urtica cannabina）、蓼科、罂粟科有白屈菜（Chelidonium majus）、亚麻科有宿根亚麻（Linum perenne）、大戟科有地锦（Euphorbia humifusa）、漆树科有毛黄栌（Cotinus coggygria var. pubescens），堇菜科有球果堇菜（毛果堇菜，Viola collina）、远志科有西伯利亚远志（Polygala sibirica）、山茱萸科有红瑞木 Cornus alba）、柳叶菜科有柳叶菜（Epilobium hirsutum）、柿树科有君迁子（Diospyros lotus）、龙胆科有百金花（Centaurium pulchellum var. altaicum）、睡菜科有荇菜（Nymphoides peltata）、夹竹桃科有罗布麻（Apocynum venetum）、萝藦科有牛皮消（Cynanchum auriculatum）、败酱科有缬草（Valeriana officinalis）、旋花科有打碗花（Calystegia hederacea）、列当科有列当（Orobanche coerulescens）、车前科、忍冬科有金花忍冬（Lonicera chrysantha）、香蒲科有小香蒲（Typha minima）、鸢尾科有紫苞鸢尾（Iris ruthenica）等各有 1 种。

（4）温带亚洲分布　本区有 167 种，占本区温带分布总种数的 48.41%，占本区总种数的 19.15%，其中菊科最多，有 23 种，主要有蒿类 8 种、阿尔泰狗娃花（Aster altaicus）、小花鬼针草（Bidens parviflora）、火绒草（Leontopodium leontopodioides）、柳叶风毛菊（Saussurea salicifolia）、华北鸦葱（笔管草，Scorzonera albicaulis）、额河千里光（Senecio argunensis）、华蒲公英（Taraxacum sinicum）、苍耳（Xanthium strumarium）和漏芦（祁州漏芦，Rhaponticum uniflorum）等，豆科有 20 种，主要有黄耆类 6 种、胡枝子类 3 种、棘豆类 3 种、野豌豆类 2 种、树锦鸡儿（Caragana arborescens）、野大豆（Glycine soja）、少花米口袋（Gueldenstaedtia verna）、花苜蓿（Medicago ruthenica）、苦马豆（羊尿泡，Sphaerophysa salsula）、披针叶黄花（Thermopsis lanceolata），毛茛科有牛扁（Aconitum barbatum var. puberulum）、西伯利亚乌头（A. barbatum var. hispidum）、升麻（Cimicifuga foetida）、粉绿铁线莲（Clematis glauca）、碱毛茛（Halerpestes sarmentosa）、贝加尔唐松草（Thalictrum baicalense）等 12 种，蔷薇科有山杏（Armeniaca sibirica）、灰栒子（Cotoneaster acutifolius）、山荆子（Malus baccata）、土庄绣线菊（Spiraea pubescens）等，禾本科有披碱草（Elymus dahuricus）、大油芒（大

荻，Spodiopogon sibiricus）、长芒草（Stipa bungeana）、赖草（Leymus secalinus）等和百合科的细叶韭（Allium tenuissimum）、攀援天门冬（Asparagus brachyphyllus）、北重楼（Paris verticillata）、小黄花菜（Hemerocallis minor）、山丹（Lilium pumilum）等各有10种，虎耳草科有毛金腰（Chrysosplenium pilosum）、中华金腰（C. sinicum）、小花溲疏（Deutzia parviflora）、扯根菜（Penthorum chinense）、美丽茶藨子（Ribes pulchellum），十字花科有小花花旗杆（Dontostemon micranthus）、糖芥（Erysimum amurense）、菥蓂（Thlaspi arvense）等，龙胆科有达乌里秦艽（Gentiana dahurica）、秦艽（Gentiana macrophylla）、扁蕾（Gentianopsis barbata）、翼萼蔓（Pterygocalyx volubilis）、北方獐牙菜（Swertia diluta）等各有5种，蓼科有蔓首乌（Fallopia convolvulus）、西伯利亚神血宁（Polygonum sibiricum）、波叶大黄（Rheum rhabarbarum）等，藜科、唇形科有黄芩（Scutellaria baicalensis）、华水苏（Stachys chinensis）、水棘针（Amethystea caerulea）等各有4种，景天科有瓦松（Orostachys fimbriata）、费菜（Phedimus aizoon）等，伞形科有红柴胡（狭叶柴胡，Bupleurum scorzonerifolium）、大齿山芹（大齿当归，Ostericum grosseserratum）、峨参（Anthriscus sylvestris），鼠李科、鸢尾科等各有3种，杨柳科有小叶杨（Populus simonii）、山杨（Populus davidiana），檀香科、牻牛儿苗科、槭树科有五角枫（Acer pictum subsp. mono）、茶条槭（Acer tataricum subsp. ginnala），堇菜科有鸡腿堇菜（Viola acuminata）、裂叶堇菜（Viola dissecta），萝藦科有地梢瓜（Cynanchum thesioides）、鹅绒藤（Cynanchum chinense），旋花科有藤长苗（Calystegia pellita）、北鱼黄草（西伯利亚鱼黄草，Merremia sibirica），茄科、玄参科有红纹马先蒿（Pedicularis striata）、草本威灵仙（Veronicastrum sibiricum），五福花科有蒙古荚蒾（Viburnum mongolicum）、鸡树条（Viburnum opulus subsp. calvescens），车前科、莎草科、兰科有蜻蜓舌唇兰（Platanthera souliei）、绶草（Spiranthes sinensis）等各有2种，桦木科有白桦（Betula platyphylla）、榆科有榆树（Ulmus pumila）、马兜铃科有北马兜铃（Aristolochia contorta）、石竹科有蔓孩儿参（Pseudostellaria davidii）、芍药科有芍药（Paeonia lactiflora）、小檗科有黄芦木（小檗，Berberis amurensis）、防己科有蝙蝠葛（Menispermum dauricum）、罂粟科有角茴香（Hypecoum erectum），亚麻科、远志科、大戟科有一叶萩（叶底珠，Flueggea suffruticosa），列当科有黄花列当（Orobanche pycnostachya），茜草科、瑞香科有草瑞香（Diarthron linifolium）、白花丹科、川续断科有蓝盆花（Scabiosa comosa）、桔梗科有长柱沙参（Adenophora stenanthina）、灯心草科有扁茎灯心草（Juncus gracillimus）等各有1种。

（5）中亚、西亚至地中海分布　本区有6种，占本区温带分布总种数的1.74%，占本区总种数的0.69%，主要有芝麻菜（Eruca vesicaria subsp. sativa）、涩芥（Malcolmia africana）、离子芥（Chorispora tenella）、甘草（Glycyrrhiza uralensis）、牻牛儿苗（太阳花，Erodium stephanianum）和禾本科的隐花草（Crypsis aculeata）等。

（6）中亚分布　本区仅有石竹科的细叶石头花（Gypsophila licentiana）和薄蒴草（Lepyrodiclis holosteoides）、蔷薇科的毛叶水栒子（Cotoneaster submultiflorus）及豆科的苦豆子（Sophora alopecuroides）等4种，占本区温带分布总种数的1.16%，占本区总种数的0.46%。

4. 东亚与中国特有分布

（1）东亚分布及其变型　本区有251种，占本区总种数的28.78%，居各分布区类型之首，占绝对优势，典型的东亚分布有63种，如麻栎（Quercus acutissima）、榔榆（Ulmus parvifolia）、鸡桑（Morus australis）、艾麻（Laportea cuspidata）、香蓼（Polygonum viscosum）、漆姑草（Sagina japonica）、女娄菜（Silene aprica）、蛇果黄堇（Corydalis ophiocarpa）、无瓣蔊菜（Rorippa dubia）、喜阴悬钩子（Rubus mesogaeus）、长柄山蚂蝗（Hylodesmum podocarpum）、苦参（Sophora flavescens）、牛奶子（Elaeagnus umbellata）、漆树（Toxicodendron vernicifluum）、斑叶堇菜（Viola variegata）、露珠草（Circaea cordata）、毛脉柳叶菜（Epilobium amurense）、水芹（野芹菜，Oenanthe javanica）、喜冬草（Chimaphila japonica）、鳞叶龙胆（Gentiana squarrosa）、獐牙菜（Swertia bimaculata）、海州常山（Clerodendrum trichotomum）、荆条（Vitex negundo var. heterophylla）、点地梅（Androsace umbellata）、匍匐风轮菜（Clinopodium repens）、半枝莲（Scutellaria barbata）、茜草（Rubia cordifolia）、接骨草（Sambucus javanica）、白英（Solanum lyratum）、沟酸浆（Mimulus tenellus）、水苦荬（Veronica undulata）、甘菊（Chrysanthemum lavandulifolium）、翅果菊（Lactuca indica）、腺梗豨莶（Sigesbeckia pubescens)、东方香蒲(Typha orientalis)、东方泽泻(Alisma orientale)、知风草(Eragrostis ferruginea)、乱子草(Muhlenbergia huegelii)、棒头草(Polypogon fugax)、青绿薹草(青菅,Carex breviculmis)、鸭跖草(Commelina communis)、天门冬(Asparagus cochinchinensis)、射干(Belamcanda chinensis)和斑叶兰(Goodyera schlechtendaliana)等。另外,该分布区类型的2变型,本区均有,具体如下:

①中国–喜马拉雅分布(14SH) 该变型本区有15种,主要有皂柳(Salix wallichiana)、糖茶藨子(Ribes himalense)、多花胡枝子(Lespedeza floribunda)、毛葡萄(Vitis heyneana)、湿生扁蕾(Gentianopsis paludosa)、椭圆叶花锚(Halenia elliptica)、牛口蓟(Cirsium shansiense)、无毛牛尾蒿(牛尾蒿,Artemisia dubia var. subdigitata)、毛莲蒿(万年蓬,Artemisia vestita)、细叶小苦荬(Ixeridium gracile)、唐古特忍冬(Lonicera tangutica)、白草(Pennisetum flaccidum)、竹叶子(Streptolirion volubile)、卷叶黄精(Polygonatum cirrhifolium)和一把伞南星(Arisaema erubescens)等。

②中国–日本分布(14SJ) 该变型有173种,其中菊科最多,有28种,如南牡蒿(Artemisia eriopoda)、苍术(Atractylodes lancea)、大花金挖耳(Carpesium macrocephalum)、盘果菊(福王草,Nabalus tatarinowii)、日本毛连菜(Picris japonica)、乌苏里风毛菊(Saussurea ussuriensis)、红轮狗舌草(Tephroseris flammea)和女菀(Turczaninovia fastigiata)等,禾本科有京芒草(Achnatherum pekinense)、毛秆野古草(野古草,Arundinella hirta)、远东羊茅(Festuca extremiorientalis)、朝阳隐子草(中华隐子草,Cleistogenes hackelii)和假鼠妇草(Glyceria leptolepis)等11种,豆科有杭子梢(Campylotropis macrocarpa)、河北木蓝(Indigofera bungeana)、槐(国槐,Sophora japonica)、阴山胡枝子(Lespedeza inschanica)和紫藤(Wisteria sinensis)等10种,莎草科有10种,均隶属于薹草属,如宽叶薹草(崖棕,Carex siderosticta)、大披针薹草(Carex lanceolata)等,蔷薇科有野杏(Armeniaca vulgaris var. ansu)、东方草莓(Fragaria orientalis)、牛叠肚(Rubus crataegifolius)和绣球绣线菊(Spiraea blumei)等9种,毛茛科有类叶升麻(Actaea asiatica)、小升麻(金龟草,Cimicifuga japonica)、大叶铁线莲(Clematis heracleifolia)和东亚唐松草(Thalictrum minus var. hypoleucum)等8种,伞形科有鸭儿芹(Cryptotaenia japonica)、防风(Saposhnikovia divaricata)、大齿山芹(大齿当归,Ostericum grosseserratum)、白芷(Angelica dahurica)等7种,唇形科有野芝麻(Lamium barbatum)、丹参(Salvia miltiorrhiza)、活血丹(连钱草,Glechoma longituba)和溪黄草(Isodon serra)等7种,榆科有大叶朴(Celtis koraiensis)、刺榆(Hemiptelea davidii)和大果榆(Ulmus macrocarpa)等6种,壳斗科、木樨科、玄参科、百合科、桦木科、景天科、荨麻科、卫矛科[南蛇藤(Celastrus orbiculatus)、卫矛(Euonymus alatus)、白杜(丝棉木、华北卫矛,Euonymus maackii)]、木樨科、堇菜科、萝藦科、桔梗科、桑科[柘(Maclura tricuspidata)]、华桑(Morus cathayana)、桑寄生科[北桑寄生(Loranthus tanakae)、槲寄生(Viscum coloratum)]、罂粟科[地丁草(Corydalis bungeana)、紫堇(Corydalis edulis)]、虎耳草科[落新妇(红升麻,Astilbe chinensis)、太平花(Philadelphus pekinensis)]、鼠李科[北枳椇(拐枣,Hovenia dulcis)、冻绿(鼠李,Rhamnus utilis)]、薯蓣科[穿龙薯蓣(Dioscorea nipponica)、薯蓣(D. polystachya)]及兰科[羊耳蒜(Liparis campylostalix)、银兰(Cephalanthera erecta)]等各有2~4种,柏科[侧柏(Platycladus orientalis)]、金粟兰科[银线草(Chloranthus japonicus)]、蓼科[支柱拳参(Polygonum suffultum)]、大麻科[葎草(Humulus scandens)]、石竹科[疏毛女娄菜(坚硬女娄菜,Silene firma)]、芍药科[草芍药(Paeonia obovata)]、芸香科[黄檗(Phellodendron amurense)、臭檀吴萸(臭檀,Tetradium daniellii)]、五味子科[五味子(Schisandra chinensis)]、大戟科[大戟(Euphorbia pekinensis)]、凤仙花科[水金凤(Impatiens noli-tangere)]、猕猴桃科[软枣猕猴桃(Actinidia arguta)]、藤黄科[赶山鞭(小金丝桃,Hypericum attenuatum)]、报春花科[虎尾草(狼尾花,Lysimachia barystachys)]、五加科[刺楸(Kalopanax septemlobus)]、旋花科[日本菟丝子(金灯藤,Cuscuta japonica)]、紫草科[紫草(Lithospermum erythrorhizon)]、茄科[野海茄(Solanum japonense)]、茜草科[四叶葎(Galium bungei)]、忍冬科[莛子藨(羽裂叶莛子藨,Triosteum pinnatifidum)]、北极花科[六道木Abelia biflora)]、川续断科[日本续断(Dipsacus japonicus)]、葫芦科[赤瓟(Thladiantha dubia)]、天南星科[半夏(Pinellia ternata)]等各有1种。

(2)中国特有分布 本区中国特有种有228种,占本区总种数的26.15%,详见第五章。

3.5 种子植物区系特征

(1)种类丰富

陕西延安黄龙山褐马鸡国家级自然保护区种子植物共有112科458属925种,科、属、种分别占陕北黄土高原种子植物总科数的91.06%、总属数的84.50%、总种数的68.52%。

(2)植物区系的优势类群明显,表征科贫乏,表征属丰富

本区植物区系的优势科有12科,包括大科、较大科及大部分中等科,优势属有16属,包括较大属、部分中等属;表征科有杨柳科、蔷薇科、木樨科、毛茛科和石竹科等5科,其中3科(蔷薇科、毛茛科和石竹科)既是优势科,又是表征科,表征属有14属,其中7属(蓼属、苹果属、胡枝子属、野豌豆属、蒿属、紫菀属和披碱草属)既是优势属,又是表征属。

(3)植物区系地理成分复杂、多样

陕西延安黄龙山褐马鸡国家级自然保护区种子植物区系科的地理成分有10个分布区类型,属的地理成分有15个,种的地理成分有14个。

(4)温带性质显著,地理联系较广泛

本区种子植物科的地理成分分析表明,本区以泛热带成分、北温带成分为主;属的地理成分分析表明,本区以温带成分为主,其中北温带成分占绝对优势,其次旧世界温带成分也占有较高的比例;种的地理成分分析表明,本区以东亚成分、中国特有成分为主,其次温带亚洲成分、旧世界温带成分也占有较高的比例,综合分析表明本区植物区系具有明显的温带性质,且热带地区植物区系对本区有一定的影响,同时表明本区种子植物区系与世界温带的许多地区、热带的一些地区有不同程度的联系。

主要参考文献

[1] 西北植物研究所.黄土高原植物志(第1卷)[M].北京:科学出版社,2000.
[2] 西北植物研究所.黄土高原植物志(第2卷)[M]北京:中国林业出版社,1992.
[3] 西北植物研究所.黄土高原植物志(第5卷)[M].北京:科学技术文献出版社,1987.
[4] 牛春山.陕西树木志[M].北京:中国林业出版社,1990.
[5] 李卫忠,赵鹏祥,贾生平,等.陕西延安黄龙山褐马鸡自然保护区综合科学考察[M].陕西杨凌:西北农林科技大学出版社,2006.
[6] 张凤臣,杨兴中,李登武,等.陕西韩城黄龙山褐马鸡自然保护区综合科学考察报告[M].西安:陕西科学技术出版社,2006.
[7] 李登武.陕北黄土高原植物区系地理研究[M].杨凌:西北农林科技大学出版社,2009.
[8] 党坤良,孟中华,宋小民,等.陕西子午岭自然保护区综合科学考察[M].杨凌:西北农林科技大学出版社,2004.
[9] 李景侠,蔡靖,李登武,等.西北主要乔灌木[M].杨凌:西北农林科技大学出版社,2002.
[10] 张文辉,李登武,刘国彬,等.黄土高原地区种子植物区系特征[J].植物研究,2002,22(3):373-379.
[11] 李登武,党坤良,康永祥.西北地区木本植物区系多样性研究[J].植物研究,2005,25(1):89-98.
[12] 吴征镒,周浙昆,孙航,等.种子植物分布区类型及其起源和分化[M].昆明:云南科技出版社,2006.
[13] 吴征镒,孙航,周浙昆,等.中国种子植物区系地理[M].北京:科学出版社,2011.

第 4 章
保护植物

4.1 保护植物确定依据

在陕西延安黄龙山褐马鸡国家级自然保护区维管植物名录(附录Ⅰ、附录Ⅱ)的基础上,依据《中国珍稀濒危保护植物名录》(国家环境保护局、中国科学院植物研究所,1987)、《中国植物红皮书——稀有濒危植物(第一册)》(傅立国等,1991)、《国家重点保护野生植物名录(第一批)》(1999年8月4日国务院)、《国家重点保护野生植物名录(第二批)》(讨论稿)、《中国生物多样性红色名录——高等植物卷》(环保部、中国科学院植物研究所,2013)、《中国高等植物受威胁物种名录》(覃海宁等,2017)、《濒危野生动植物种国际贸易公约(CITES)》(附录Ⅰ、附录Ⅱ、附录Ⅲ)》《陕西省地方重点保护植物名录(第一批修订)》(陕政发〔2009〕71号)等确定陕西延安黄龙山褐马鸡国家级自然保护区保护植物,具体见表4-1、表4-2、表4-3、表4-4、表4-5、表4-6。

4.2 保护植物物种组成

由表4-1可知(剔除表4-2~表4-6重复的种类),陕西延安黄龙山褐马鸡国家级自然保护区保护植物共有36种(含种下等级),隶属于17科31属(表4-1),科、属、种分别占本区维管植物总科数的13.82%、总属数的6.51%、总种数的3.74%,其中石松类和蕨类植物仅有掌叶铁线蕨(Adiantum pedatum)1种,隶属于1科1属,种子植物有16科30属35种,兰科植物最多,有14种,其次豆科植物,有6种。

表4-1 陕西延安黄龙山褐马鸡国家级自然保护区的保护植物

序号	种名	科名	属名	红色名录等级	是否特有
1	掌叶铁线蕨 Adiantum pedatum	凤尾蕨科 Pteridaceae	铁线蕨属 Adiantum	NT	Y
2	白皮松 Pinus bungeana	松科 Pinaceae	松属 Pinus	EN	Y
3	草麻黄 Ephedra sinica	麻黄科 Ephedraceae	麻黄属 Ephedra	NT	N
4	刺榆 Hemiptelea davidii	榆科 Ulmaceae	刺榆属 Hemiptelea	LC	N
5	胡桃楸 Juglans mandshurica	胡桃科 Juglandaceae	胡桃属 Juglans	LC	N
6	紫斑牡丹 Paeonia rockii	芍药科 Paeoniaceae	芍药属 Paeonia	VU	Y
7	冀北翠雀花 Delphinium siwanense	毛茛科 Ranunculaceae	翠雀属 Delphinium	EN	Y

续表

序号	种名	科名	属名	红色名录等级	是否特有
8	淫羊藿 Epimedium brevicornu	小檗科 Berberidaceae	淫羊藿属 Epimedium	NT	Y
9	野杏 Armeniaca vulgaris var. ansu	蔷薇科 Rosaceae	杏属 Armeniaca	NT	N
10	河南海棠 Malus honanensis	蔷薇科 Rosaceae	苹果属 Malus	NT	Y
11	蒙古黄耆 Astragalus mongholicus	豆科 Fabaceae	黄耆属 Astragalus	VU	N
12	秦晋锦鸡儿 Caragana purdomii	豆科 Fabaceae	锦鸡儿属 Caragana	VU	Y
13	秦岭锦鸡儿 Caragana shensiensis	豆科 Fabaceae	锦鸡儿属 Caragana	NT	Y
14	柄荚锦鸡儿 Caragana stipitata	豆科 Fabaceae	锦鸡儿属 Caragana	EN	Y
15	甘草 Glycyrrhiza uralensis	豆科 Fabaceae	甘草属 Glycyrrhiza	LC	N
16	野大豆 Glycine soja	豆科 Fabaceae	大豆属 Glycine	LC	N
17	黄檗 Phellodendron amurense	芸香科 Rutaceae	黄檗属 Phellodendron	VU	N
18	甘遂 Euphorbia kansui	大戟科 Euphorbiaceae	大戟属 Euphorbia	LC	Y
19	光籽木槿 Hibiscus leviseminus	锦葵科 Malvaceae	木槿属 Hibiscus	VU	Y
20	软枣猕猴桃 Actinidia arguta	猕猴桃科 Actinidiaceae	猕猴桃属 Actinidia	LC	N
21	穿龙薯蓣 Dioscorea nipponica	薯蓣科 Dioscoreaceae	薯蓣属 Dioscorea	LC	N
22	北重楼 Paris verticillata	百合科 Fabaceae	重楼属 Paris	LC	N
23	银兰 Cephalanthera erecta	兰科 Orchidaceae	头蕊兰属 Cephalanthera	LC	N
24	头蕊兰 Cephalanthera longifolia	兰科 Orchidaceae	头蕊兰属 Cephalanthera	LC	N
25	毛杓兰 Cypripedium franchetii	兰科 Orchidaceae	杓兰属 Cypripedium	VU	Y
26	凹舌掌裂兰 Dactylorhiza viridis	兰科 Orchidaceae	掌裂兰属 Dactylorhiza	LC	N
27	火烧兰 Epipactis helleborine	兰科 Orchidaceae	火烧兰属 Epipactis	LC	N
28	斑叶兰 Goodyera schlechtendaliana	兰科 Orchidaceae	斑叶兰属 Goodyera	NT	N
29	角盘兰 Herminium monorchis	兰科 Orchidaceae	角盘兰属 Herminium	NT	N
30	羊耳蒜 Liparis campyloxtalix	兰科 Orchidaceae	羊耳蒜属 Liparis	VU	N
31	原沼兰 Malaxis monophyllos	兰科 Orchidaceae	原沼兰属 Malaxis	LC	N
32	二叶兜被兰 Neottianthe cucullata	兰科 Orchidaceae	兜被兰属 Neottianthe	VU	N
33	一叶兜被兰 Neottianthe monophylla	兰科 Orchidaceae	兜被兰属 Neottianthe	LC	Y
34	二叶舌唇兰 Platanthera chlorantha	兰科 Orchidaceae	舌唇兰属 Platanthera	LC	N
35	蜻蜓舌唇兰 Platanthera souliei	兰科 Orchidaceae	舌唇兰属 Platanthera	NT	N
36	绶草 Spiranthes sinensis	兰科 Orchidaceae	绶草属 Spiranthes	LC	N

注:EN 濒危等级;VU 易危等级;NT 近危等级;LC 无危等级。

4.3 各类保护植物

4.3.1 珍稀濒危植物

依据《中国珍稀濒危保护植物》(国家环境保护局、中国科学院植物研究所,1987),陕西延安黄龙山褐马鸡国家级自然保护区分布的珍稀濒危植物共有4种(表4-2),隶属于3科4属,均为渐危种。

表4-2 陕西延安黄龙山褐马鸡国家级自然保护区分布的珍稀濒危植物

序号	种名	属名	科名	类别	保护等级
1	胡桃楸 Juglans mandshurica	胡桃属 Juglans	胡桃科 Juglandaceae	渐危	3
2	紫斑牡丹 Paeonia rockii	芍药属 Paeonia	芍药科 Paeoniaceae	渐危	3
3	蒙古黄耆 Astragalus mongholicus	黄耆属 Astragalus	豆科 Fabaceae	渐危	3
4	野大豆 Glycine soja	大豆属 Glycine	豆科 Fabaceae	渐危	3

4.3.2 国家重点保护野生植物

依据《国家重点保护野生植物目录(第一批)》(国务院,1999)及《国家重点保护野生植物目录(第二批)》(讨论稿),黄龙山褐马鸡保护区分布的国家重点保护野生植物共有22种(表4-3),隶属于7科19属,均为国家Ⅱ保护植物,其中国家重点保护野生植物(第一批)仅有野大豆(Glycine soja)1种。

表4-3 陕西延安黄龙山褐马鸡国家级自然保护区分布的国家重点保护野生植物

序号	种名	属名	科名	类别	批次
1	野大豆 Glycine soja	大豆属 Glycine	豆科 Fabaceae	Ⅱ	一
2	甘肃桃 Amygdalus kansuensis	桃属 Amygdalus	蔷薇科 Rosaceae	Ⅱ	二
3	紫斑牡丹 Paeonia rockii	芍药属 Paeonia	芍药科 Paeoniaceae	Ⅱ	二
4	蒙古黄耆 Astragalus mongholicus	黄耆属 Astragalus	豆科 Fabaceae	Ⅱ	二
5	甘草 Glycyrrhiza uralensis	甘草属 Glycyrrhiza	豆科 Fabaceae	Ⅱ	二
6	软枣猕猴桃 Actinidia arguta	猕猴桃属 Actinidia	猕猴桃科 Actinidiaceae	Ⅱ	二
7	穿龙薯蓣 Dioscorea nipponica	薯蓣属 Dioscorea	薯蓣科 Dioscoreaceae	Ⅱ	二
8	北重楼 Paris verticillata	重楼属 Paris	百合科 Fabaceae	Ⅱ	二
9	银兰 Cephalanthera erecta	头蕊兰属 Cephalanthera	兰科 Orchidaceae	Ⅱ	二
10	头蕊兰 Cephalanthera longifolia	头蕊兰属 Cephalanthera	兰科 Orchidaceae	Ⅱ	二
11	毛杓兰 Cypripedium franchetii	杓兰属 Cypripedium	兰科 Orchidaceae	Ⅰ	二
12	火烧兰 Epipactis helleborine	火烧兰属 Epipactis	兰科 Orchidaceae	Ⅱ	二
13	凹舌掌裂兰 Dactylorhiza viridis	掌裂兰属 Dactylorhiza	兰科 Orchidaceae	Ⅱ	二
14	斑叶兰 Goodyera schlechtendaliana	斑叶兰属 Goodyera	兰科 Orchidaceae	Ⅱ	二
15	角盘兰 Herminium monorchis	角盘兰属 Herminium	兰科 Orchidaceae	Ⅱ	二
16	羊耳蒜 Liparis campyloxtalix	羊耳蒜属 Liparis	兰科 Orchidaceae	Ⅱ	二

续表

序号	种名	属名	科名	类别	批次
17	原沼兰 Malaxis monophyllos	原沼兰属 Malaxis	兰科 Orchidaceae	Ⅱ	二
18	二叶兜被兰 Neottianthe cucullata	兜被兰属 Neottianthe	兰科 Orchidaceae	Ⅱ	二
19	一叶兜被兰 Neottianthe monophylla	兜被兰属 Neottianthe	兰科 Orchidaceae	Ⅱ	二
20	二叶舌唇兰 Platanthera chlorantha	舌唇兰属 Platanthera	兰科 Orchidaceae	Ⅱ	二
21	蜻蜓舌唇兰 Platanthera souliei	舌唇兰属 Platanthera	兰科 Orchidaceae	Ⅱ	二
22	绶草 Spiranthes sinensis	绶草属 Spiranthes	兰科 Orchidaceae	Ⅱ	二

4.3.3 陕西省地方重点保护植物

依据《陕西省地方重点保护植物名录（第一批修订）》（陕政发〔2009〕71 号），黄龙山褐马鸡保护区分布的陕西省地方重点保护植物共有 17 种（表 4-4），隶属于 4 科 14 属，其中履约物种级最多，全为兰科植物，有 14 种，濒危种仅有草麻黄（Ephedra sinica）1 种、渐危种有刺榆（Hemiptelea davidii）和甘遂（Euphorbia kansui）2 种。

表 4-4 陕西延安黄龙山褐马鸡自然保护区分布的陕西省地方重点保护植物

序号	种名	属名	科名	类别
1	草麻黄 Ephedra sinica	麻黄属 Ephedra	麻黄科 Ephedraceae	濒危
2	刺榆 Hemiptelea davidii	刺榆属 Hemiptelea	榆科 Ulmaceae	渐危
3	甘遂 Euphorbia kansui	大戟属 Euphorbia	大戟科 Euphorbiaceae	渐危
4	银兰 Cephalanthera erecta	头蕊兰属 Cephalanthera	兰科 Orchidaceae	履约物种
5	头蕊兰 Cephalanthera longifolia	头蕊兰属 Cephalanthera	兰科 Orchidaceae	履约物种
6	毛杓兰 Cypripedium franchetii	杓兰属 Cypripedium	兰科 Orchidaceae	履约物种
7	凹舌掌裂兰 Dactylorhiza viridis	掌裂兰属 Dactylorhiza	兰科 Orchidaceae	履约物种
8	火烧兰 Epipactis helleborine	火烧兰属 Epipactis	兰科 Orchidaceae	履约物种
9	斑叶兰 Goodyera schlechtendaliana	斑叶兰属 Goodyera	兰科 Orchidaceae	履约物种
10	角盘兰 Herminium monorchis	角盘兰属 Herminium	兰科 Orchidaceae	履约物种
11	羊耳蒜 Liparis campyloxtalix	羊耳蒜属 Liparis	兰科 Orchidaceae	履约物种
12	原沼兰 Malaxis monophyllos	原沼兰属 Malaxis	兰科 Orchidaceae	履约物种
13	二叶兜被兰 Neottianthe cucullata	兜被兰属 Neottianthe	兰科 Orchidaceae	履约物种
14	一叶兜被兰 Neottianthe monophylla	兜被兰属 Neottianthe	兰科 Orchidaceae	履约物种
15	二叶舌唇兰 Platanthera chlorantha	舌唇兰属 Platanthera	兰科 Orchidaceae	履约物种
16	蜻蜓舌唇兰 Platanthera souliei	舌唇兰属 Platanthera	兰科 Orchidaceae	履约物种
17	绶草 Spiranthes sinensis	绶草属 Spiranthes	兰科 Orchidaceae	履约物种

4.3.4 受威胁植物

依据《中国生物多样性红色名录——高等植物卷》（环境保护部、中国科学院，2013）（http://

www.zhb.gov.cn/gkml/hbb/bgg/201309/t20130912_260061.htm/）、中国高等植物受威胁物种名录（覃海宁等，2017），黄龙山褐马鸡保护区分布的受威胁（极危、濒危、易危）植物和近危级植物共有 20 种（表4-5），隶属于 10 科 18 属，其中受威胁植物有 11 种，隶属于 7 科 10 属。

表 4-5 陕西延安黄龙山褐马鸡国家级自然保护区分布的受威胁植物及近危等级植物

序号	种名	属名	科名	等级	是否特有
1	掌叶铁线蕨 Adiantum pedatum	铁线蕨属 Adiantum	凤尾蕨科 Pteridaceae	NT	Y
2	白皮松 Pinus bungeana	松属 Pinus	松科 Pinaceae	EN	Y
3	草麻黄 Ephedra sinica	麻黄属 Ephedra	麻黄科 Ephedraceae	NT	N
4	紫斑牡丹 Paeonia rockii	芍药属 Paeonia	芍药科 Paeoniaceae	VU	Y
5	冀北翠雀花 Delphinium siwanense	翠雀属 Delphinium	毛茛科 Ranunculaceae	EN	Y
6	淫羊藿 Epimedium brevicornu	淫羊藿属 Epimedium	小檗科 Berberidaceae	NT	Y
7	野杏 Armeniaca vulgaris var. ansu	杏属 Armeniaca	蔷薇科 Rosaceae	NT	N
8	河南海棠 Malus honanensis	苹果属 Malus	蔷薇科 Rosaceae	NT	Y
9	蒙古黄耆 Astragalus mongholicus	黄耆属 Astragalus	豆科 Fabaceae	VU	N
10	秦晋锦鸡儿 Caragana purdomii	锦鸡儿属 Caragana	豆科 Fabaceae	VU	Y
11	秦岭锦鸡儿 Caragana shensiensis	锦鸡儿属 Caragana	豆科 Fabaceae	NT	Y
12	柄荚锦鸡儿 Caragana stipitata	锦鸡儿属 Caragana	豆科 Fabaceae	EN	Y
13	黄檗 Phellodendron amurense	黄檗属 Phellodendron	芸香科 Rutaceae	VU	N
14	光籽木槿 Hibiscus leviseminus	木槿属 Hibiscus	锦葵科 Malvaceae	VU	Y
15	毛杓兰 Cypripedium franchetii	杓兰属 Cypripedium	兰科 Orchidaceae	VU	Y
16	斑叶兰 Goodyera schlechtendaliana	斑叶兰属 Goodyera	兰科 Orchidaceae	NT	N
17	角盘兰 Herminium monorchis	角盘兰属 Herminium	兰科 Orchidaceae	NT	N
18	羊耳蒜 Liparis campyloxtalix	羊耳蒜属 Liparis	兰科 Orchidaceae	VU	N
19	二叶兜被兰 Neottianthe cucullata	兜被兰属 Neottianthe	兰科 Orchidaceae	VU	N
20	蜻蜓舌唇兰 Platanthera souliei	舌唇兰属 Platanthera	兰科 Orchidaceae	NT	N

4.3.5 列入《濒危野生动植物种国际贸易公约》中的植物

黄龙山褐马鸡保护区种子植物中，列入《濒危野生动植物种国际贸易公约-CITES》中的植物有 14 种（表 4-6），隶属于 1 科 11 属，全为兰科植物。

表 4-6 列入《濒危野生动植物种国际贸易公约-CITES》中的植物

序号	种名	属名	科名	是否特有
1	银兰 Cephalanthera erecta	头蕊兰属 Cephalanthera	兰科 Orchidaceae	N
2	头蕊兰 Cephalanthera longifolia	头蕊兰属 Cephalanthera	兰科 Orchidaceae	N
3	毛杓兰 Cypripedium franchetii	杓兰属 Cypripedium	兰科 Orchidaceae	Y
4	凹舌掌裂兰 Dactylorhiza viridis	掌裂兰属 Dactylorhiza	兰科 Orchidaceae	N

续表

序号	种名	属名	科名	是否特有
5	火烧兰 *Epipactis helleborine*	火烧兰属 *Epipactis*	兰科 Orchidaceae	N
6	斑叶兰 *Goodyera schlechtendaliana*	斑叶兰属 *Goodyera*	兰科 Orchidaceae	N
7	角盘兰 *Herminium monorchis*	角盘兰属 *Herminium*	兰科 Orchidaceae	N
8	羊耳蒜 *Liparis campyloxtalix*	羊耳蒜属 *Liparis*	兰科 Orchidaceae	N
9	原沼兰 *Malaxis monophyllos*	原沼兰属 *Malaxis*	兰科 Orchidaceae	N
10	二叶兜被兰 *Neottianthe cucullata*	兜被兰属 *Neottianthe*	兰科 Orchidaceae	N
11	一叶兜被兰 *Neottianthe monophylla*	兜被兰属 *Neottianthe*	兰科 Orchidaceae	Y
12	二叶舌唇兰 *Platanthera chlorantha*	舌唇兰属 *Platanthera*	兰科 Orchidaceae	N
13	蜻蜓舌唇兰 *Platanthera souliei*	舌唇兰属 *Platanthera*	兰科 Orchidaceae	N
14	绶草 *Spiranthes sinensis*	绶草属 *Spiranthes*	兰科 Orchidaceae	N

4.4 保护植物区系地理成分

依据2.4.3、3.4.3本区维管植物的划分结果,本区保护植物共有7个分布区类型(表4-7),具体如下:

表4-7 陕西延安黄龙山褐马鸡国家级自然保护区保护植物种的分布区类型

分布区类型	种数	占本区保护植物总种数的%
北温带分布	2	5.56
东亚和北美间断分布	1	2.78
旧世界温带分布	5	13.89
温带亚洲分布	5	13.89
中亚、西亚至地中海分布	1	2.78
东亚分布	9	25.00
中国特有分布	13	36.11
合计	36	100.00

(1)北温带分布 该分布区类型本区保护植物中仅有兰科的原沼兰(*Malaxis monophyllos*)和凹舌掌裂兰(*Dactylorhiza viridis*)2种,占本区保护植物总种数的5.56%。

(2)东亚和北美间断分布 该分布区类型本区保护植物中仅有掌叶铁线蕨(*Adiantum pedatum*)1种,占本区保护植物总种数的2.78%。

(3)旧世界温带分布 该分布区类型本区保护植物中有5种,占本区保护植物总种数的13.89%,即有二叶舌唇兰(*Platanthera chlorantha*)、二叶兜被兰(*Neottianthe cucullata*)、角盘兰(*Herminium monorchis*)、头蕊兰(*Cephalanthera longifolia*)和火烧兰(*Epipactis helleborine*)等。

(4)温带亚洲分布 该分布区类型本区保护植物中有5种,占本区保护植物总种数的13.89%,即有豆科的蒙古黄耆(*Astragalus mongholicus*)和野大豆(*Glycine soja*)、百合科的北重楼(*Paris verticillata*)、兰科的蜻蜓舌唇兰(*Platanthera souliei*)和绶草(*Spiranthes sinensis*)等。

(5)中亚、西亚至地中海分布 本区仅有豆科的甘草(*Glycyrrhiza uralensis*)1种,占本区保护植物总种数的2.78%。

(6)东亚分布及其变型 该分布区类型及其变型本区有9种,占本区保护植物总种数的25.00%,其中典型的东亚分布仅有斑叶兰(*Goodyera schlechtendaliana*)1种,其余8种为中国-日本分布(14SJ),即为刺榆(*Hemiptelea davidii*)、胡桃楸(*Juglans mandshurica*)、野杏(*Armeniaca vulgaris* var. *ansu*)、黄檗(*Phellodendron amurense*)、软枣猕猴桃(*Actinidia arguta*)、穿龙薯蓣(*Dioscorea nipponica*)、羊耳蒜(*Liparis campylostalix*)和银兰(*Cephalanthera erecta*)等。

(7)中国特有分布 本区保护植物中,中国特有分布有13种,占本区保护植物总种数的36.11%,依据5.3.2的结果,分为5个分布亚型:①华北分布 该分布亚型有5种,主要有冀北翠雀花(*Delphinium siwanense*)、河南海棠(*Malus honanensis*)、秦晋锦鸡儿(*Caragana purdomii*)、柄荚锦鸡儿(*Caragana stipitata*)和甘遂(*Euphorbia kansui*);②华北-东北分布 该分布亚型仅有草麻黄(*Ephedra sinica*)1种;③华北-华中分布 该分布亚型有白皮松(*Pinus bungeana*)、紫斑牡丹(*Paeonia rockii*)和淫羊藿(*Epimedium brevicornu*)3种;④西南-华中分布 该分布亚型有毛杓兰(*Cypripedium franchetii*)和一叶兜被兰(*Neottianthe monophylla*)2种;⑤陕甘特有 陕甘特有种有秦岭锦鸡儿(*Caragana shensiensis*)和光籽木槿(*Hibiscus leviseminus*)2种。

主要参考文献

[1] 国家环境保护局、中国科学院植物研究所. 中国珍稀濒危保护植物名录[J]. 生物学通报,1987,(7):23-28.

[2] 傅立国. 中国珍稀濒危植物[M]. 上海:上海教育出版社,1989.

[3] 傅立国等. 中国植物红皮书——稀有濒危植物(第一册)[M]. 北京:科学出版社,1991.

[4] 覃海宁,杨勇,董仕勇,等. 中国高等植物受威胁物种名录[J]. 生物多样性,2017,25(7):696-744.

[5] 李登武,党坤良,温仲明,等. 黄土高原地区种子植物区系中的珍稀濒危植物研究[J]. 西北植物学报,2004,12(24):2321-2328.

第 5 章 特有植物

5.1 中国特有科

本区无中国特有科。

5.2 中国特有属

本区分布的中国特有属仅有 4 属(表 5-1),隶属于 3 科,即为桦木科的虎榛子属(*Ostryopsis*)、大戟科的地构叶属(*Speranskia*)、无患子科的栾树属(*Koelreuteria*)和文冠果属(*Xanthoceras*),占陕北黄土高原分布的中国特有属总数的 40.00%(李登武,2009),其中文冠果属为单型属,虎榛子属、地构叶属和栾树属为寡型属。

虎榛子属有虎榛子(*Ostryopsis davidiana*)和滇虎榛(*Ostryopsis nobilis*)2 种,前者主要分布于华北地区,后者主要分布于西南地区(四川西南、云南西北),本区仅分布虎榛子 1 种;地构叶属有地构叶(*Speranskia tuberculata*)和广东地构叶(*Speranskia cantonensis*)2 种,地构叶主要分布于东北、华北地区,广东地构叶主要分布于西南、华中及华北地区,本区仅分布地构叶 1 种;栾树属有栾树(*Koelreuteria paniculata*)、复羽叶栾树(*Koelreuteria bipinnata*)和台湾栾树(*Koelreuteria elegans* subsp. *formosana*),栾树主要分布于华北、西南地区,复羽叶栾树主要分布于西南、华中、华南地区,台湾栾树主要分布于我国台湾,本区仅分布栾树 1 种;文冠果属为单型属,即仅有文冠果(*Xanthoceras sorbifolia*)1 种,主要分布于华北地区,本区也有分布。

表 5-1 陕西延安黄龙山褐马鸡国家级自然保护区分布的中国特有属

序号	属名	科名	本区种数/中国种数	分布
1	虎榛子属 *Ostryopsis*	桦木科 Betulaceae	1/2	华北、西南
2	地构叶属 *Speranskia*	大戟科 Euphorbiaceae	1/2	东北、华北、华中、西南
3	栾树属 *Koelreuteria*	无患子科 Sapindaceae	1/3	华北、华中、西南、华南
4	文冠果属 *Xanthoceras*	无患子科 Sapindaceae	1/1	华北

5.3 中国特有种

5.3.1 中国特有种的基本组成

据统计,陕西延安黄龙山褐马鸡国家级自然保护区分布的中国特有种有239种(表5-2),隶属于65科158属,其中石松类和蕨类植物有6科10属11种,种子植物有59科148属228种,其中蔷薇科含中国特有种最多,有34种,其次菊科有20种、豆科有15种。这些中国特有种中无保护区地方特有种,陕西省地方特有种仅有陕西小檗(Berberis shensiana)1种。

表5-2 陕西延安黄龙山褐马鸡国家级自然保护区分布的中国特有种

序号	种名	科名	属名
1	中华卷柏 Selaginella sinensis	卷柏科 Selaginellaceae	卷柏属 Selaginella
2	溪洞碗蕨 Dennstaedtia wilfordii	碗蕨科 Dennstaedtiaceae	碗蕨属 Dennstaedtia
3	白背铁线蕨 Adiantum davidii	凤尾蕨科 Pteridaceae	铁线蕨属 Adiantum
4	陕西粉背蕨 Aleuritopteris argentea var. obscura		粉背蕨属 Aleuritopteris
5	膜叶冷蕨 Cystopteris pellucida	冷蕨科 Cystopteridaceae	冷蕨属 Cystopteris
6	中华蹄盖蕨 Athyrium sinense	蹄盖蕨科 Athyriaceae	蹄盖蕨属 Athyrium
7	陕西对囊蕨 Deparia giraldii		对囊蕨属 Deparia
8	河北对囊蕨 Deparia vegetior		
9	中华水龙骨 Polypodiodes chinensis	水龙骨科 Polypodiaceae	水龙骨属 Polypodiodes
10	秦岭槲蕨 Drynaria baronii		槲蕨属 Drynaria
11	华北石韦 Pyrrosia davidii		石韦属 Pyrrosia
12	白皮松 Pinus bungeana	松科 Pinaceae	松属 Pinus
13	油松 Pinus tabuliformis		
14	刺柏 Juniperus formosana	柏科 Cupressaceae	刺柏属 Juniperus
15	草麻黄 Ephedra sinica	麻黄科 Ephedraceae	麻黄属 Ephedra
16	乌柳 Salix cheilophila	杨柳科 Salicaceae	柳属 Salix
17	宽叶翻白柳 Salix hypoleuca var. platyphylla		
18	黄龙柳 Salix liouana		
19	旱柳 Salix matsudana		
20	中国黄花柳 Salix sinica		
21	红皮柳 Salix sinopurpurea		
22	小叶鹅耳枥 Carpinus stipulata	桦木科 Betulaceae	鹅耳枥属 Carpinus
23	虎榛子 Ostryopsis davidiana		虎榛子属 Ostryopsis
24	板栗 Castanea mollissima	壳斗科 Fgaceae	栗属 Castanea
25	旱榆(灰榆) Ulmus glaucescens	榆科 Ulmaceae	榆属 Ulmus

续表

序号	种名	科名	属名
26	桑树 Morus alba	桑科 Moraceae	桑属 Morus
27	细柄野荞 Fagopyrum gracilipes	蓼科 Polygonaceae	荞麦属 Fagopyrum
28	木藤首乌 Fallopia aubertii		首乌属 Fallopia
29	长蕊石头花 Gypsophila oldhamiana		石头花属 Gypsophila
30	鹤草 Silene fortunei	石竹科 Caryophyllaceae	蝇子草属 Silene
31	石生蝇子草 Silene tatarinowii		
32	中国繁缕 Stellaria chinensis		繁缕属 Stellaria
33	紫斑牡丹 Paeonia rockii	芍药科 Paeoniaceae	芍药属 Paeonia
34	乌头 Aconitum carmichaelii		乌头属 Aconitum
35	松潘乌头 Aconitum sungpanense		
36	小花草玉梅 Anemone rivularis var. flore-minore		银莲花属 Anemone
37	大火草 Anemone tomentosa		
38	华北耧斗菜 Aquilegia yabeana		耧斗菜属 Aquilegia
39	灌木铁线莲 Clematis fruticosa	毛茛科 Ranunculaceae	
40	粗齿铁线莲 Clematis grandidentata		
41	黄花铁线莲 Clematis intricata		铁线莲属 Clematis
42	秦岭铁线莲 Clematis obscura		
43	钝萼铁线莲 Clematis peterae		
44	腺毛翠雀 Delphinium grandiflorum var. gilgianum		翠雀属 Delphinium
45	冀北翠雀花（细须翠雀花）Delphinium siwanense		
46	短柄小檗 Berberis brachypoda		
47	直穗小檗 Berberis dasystachya		
48	首阳小檗 Berberis dielsiana	小檗科 Berberidaceae	小檗属 Berberis
49	延安小檗 Berberis purdomii		
50	陕西小檗 Berberis shensiana		
51	淫羊藿 Epimedium brevicornu		淫羊藿属 Epimedium
52	木姜子 Litsea pungens	樟科 Lauraceae	木姜子属 Litsea
53	石生黄堇（岩黄连）Corydalis saxicola		紫堇属 Corydalis
54	秃疮花 Dicranostigma leptopodum	罂粟科 Papaveraceae	秃疮花属 Dicranostigma
55	小果博落回 Macleaya microcarpa		博落回属 Macleaya
56	小花南芥 Arabis alpina var. parviflora	十字花科 Brassicaceae	南芥属 Arabis

续表

序号	种名	科名	属名
57	乳毛费菜 Phedimus aizoon var. scabrus		费菜属 Phedimus
58	平叶景天(狗牙瓣) Sedum planifolium	景天科 Crassulaceae	景天属 Sedum
59	火焰草(繁缕叶景天) Sedum stellariifolium		
60	大叶金腰 Chrysosplenium macrophyllum		金腰属 Chrysosplenium
61	大花溲疏 Deutzia grandiflora		溲疏属 Deutzia
62	东陵绣球 Hydrangea bretschneideri		绣球属 Hydrangea
63	挂苦绣球 Hydrangea xanthoneura	虎耳草科 Saxifragaceae	
64	细叉梅花草 Parnassia oreophila		梅花草属 Parnassia
65	山梅花 Philadelphus incanus		山梅花属 Philadelphus
66	瘤糖茶藨子 Ribes himalense var. verruculosum		茶藨子属 Ribes
67	华西茶藨子 Ribes maximowiczii		
68	山桃 Amygdalus davidiana		
69	陕甘山桃 Amygdalus davidiana var. potaninii		桃属 Amygdalus
70	甘肃桃 Amygdalus kansuensis		
71	毛杏 Armeniaca sibirica var. pubescens		杏属 Armeniaca
72	毛叶欧李 Cerasus dictyoneura		
73	多毛樱桃 Cerasus polytricha		樱属 Cerasus
74	毛樱桃 Cerasus tomentosa		
75	毛灰栒子 Cotoneaster acutifolius var. villosulus		
76	细弱栒子 Cotoneaster gracilis		栒子属 Cotoneaster
77	西北栒子 Cotoneaster zabelii		
78	橘红山楂 Crataegus aurantia	蔷薇科 Rosaceae	
79	湖北山楂 Crataegus hupehensis		山楂属 Crataegus
80	甘肃山楂 Crataegus kansuensis		
81	红柄白鹃梅 Exochorda giraldii		白鹃梅属 Exochorda
82	湖北海棠 Malus hupehensis		
83	河南海棠 Malus honanensis		
84	陇东海棠 Malus kansuensis		苹果属 Malus
85	楸子(海棠果) Malus prunifolia		
86	花叶海棠 Malus transitoria		
87	绢毛匍匐委陵菜 Potentilla reptans var. sericophylla		委陵菜属 Potentilla
88	蕤核(扁核木) Prinsepia uniflora		扁核木属 Prinsepia

续表

序号	种名	科名	属名
89	李 *Prunus salicina*		李属 *Prunus salicina*
90	杜梨 *Pyrus betulifolia*		梨属 *Pyrus*
91	木梨（野梨）*Pyrus xerophila*		
92	陕西蔷薇 *Rosa giraldii*		
93	黄蔷薇 *Rosa hugonis*		
94	钝叶蔷薇 *Rosa sertata*		蔷薇属 *Rosa*
95	扁刺蔷薇 *Rosa sweginzowii*		
96	黄刺玫 *Rosa xanthina*		
97	单瓣黄刺玫 *Rosa xanthina* f. *normalis*		
98	菰帽悬钩子 *Rubus pileatus*		悬钩子属 *Rubus*
99	湖北花楸 *Sorbus hupehensis*		花楸属 *Sorbus*
100	大叶华北绣线菊 *Spiraea fritschiana* var. *angulata*		绣线菊属 *Spiraea*
101	蒙古绣线菊 *Spiraea mongolia*		
102	鸡峰山黄耆 *Astragalus kifonsanicus*		黄耆属 *Astragalus*
103	小米黄耆 *Astragalus satoi*		
104	背扁膨果豆 *Phyllolobium chinense*		膨果豆属 *Phyllolobium*
105	毛掌叶锦鸡儿 *Caragana leveillei*		
106	秦晋锦鸡儿 *Caragana purdomii*		
107	红花锦鸡儿 *Caragana rosea*		锦鸡儿属 *Caragana*
108	秦岭锦鸡儿 *Caragana shensiensis*		
109	柄荚锦鸡儿 *Caragana stipitata*	豆科 Fabaceae	
110	皂荚 *Gleditsia sinensis*		皂荚属 *Gleditsia*
111	多花木蓝 *Indigofera amblyantha*		木蓝属 *Indigofera*
112	长叶铁扫帚 *Lespedeza caraganae*		胡枝子属 *Lespedeza*
113	米口袋状棘豆 *Oxytropis gueldenstaedtioides*		棘豆属 *Oxytropis*
114	窄膜棘豆 *Oxytropis moellendorffii*		
115	白刺花（狼牙刺）*Sophora davidii*		槐属 *Sophora*
116	大野豌豆 *Vicia sinogigantea*		野豌豆属 *Vicia*
117	花椒 *Zanthoxylum bungeanum*	芸香科 Rutaceae	花椒属 *Zanthoxylum*
118	臭椿 *Ailanthus altissima*	苦木科 Simaroubaceae	臭椿属 *Ailanthus*
119	甘遂 *Euphorbia kansui*	大戟科 Euphorbiaceae	大戟属 *Euphorbia*
120	地构叶 *Speranskia tuberculata*		地构叶属 *Speranskia*

续表

序号	种名	科名	属名
121	黄连木 *Pistacia chinensis*	漆树科 Anacardiaceae	黄连木属 *Pistacia*
122	青肤杨 *Rhus potaninii*		盐肤木属 *Rhus*
123	苦皮藤 *Celastrus angulatus*		南蛇藤属 *Celastrus*
124	短梗南蛇藤 *Celastrus rosthornianus*	卫矛科 Celastraceae	卫矛属 *Euonymus*
125	栓翅卫矛 *Euonymus phellomanus*		
126	膀胱果 *Staphylea holocarpa*	省沽油科 Staphyleaceae	省沽油属 *Staphylea*
127	青榨枫 *Acer davidii*		
128	细裂枫 *Acer pilosum* var. *stenolobum*	槭树科 Aceraceae	枫属 *Acer*
129	元宝枫 *Acer truncatum*		
130	栾树 *Koelreuteria paniculata*	无患子科 Sapindaceae	栾树属 *Koelreuteria*
131	文冠果 *Xanthoceras sorbifolium*		文冠果属 *Xanthoceras*
132	泡花树 *Meliosma cuneifolia*	清风藤科 Sabiaceae	泡花树属 *Meliosma*
133	锐齿鼠李 *Rhamnus arguta*		鼠李属 *Rhamnus*
134	少脉雀梅藤（对节木）*Sageretia paucicostata*	鼠李科 Rhamnaceae	雀梅藤属 *Sageretia*
135	酸枣 *Ziziphus jujuba* var. *spinosa*		枣属 *Ziziphus*
136	乌头叶蛇葡萄 *Ampelopsis aconitifolia*		蛇葡萄属 *Ampelopsis*
137	掌裂草葡萄 *Ampelopsis aconitifolia* var. *palmiloba*		
138	蓝果蛇葡萄 *Ampelopsis bodinieri*	葡萄科 Vitaceae	葡萄属 *Vitis*
139	葎叶蛇葡萄 *Ampelopsis humulifolia*		
140	变叶葡萄（复叶葡萄）*Vitis piasezkii*		
141	小花扁担杆 *Grewia biloba* var. *parviflora*	椴树科 Tiliaceae	扁担杆属 *Grewia*
142	少脉椴 *Tilia paucicostata*		椴树属 *Tilia*
143	光籽木槿 *Hibiscus leviseminus*	锦葵科 Malvaceae	木槿属 *Hibiscus*
144	河朔荛花（羊厌厌）*Wikstroemia chamaedaphne*	瑞香科 Thymelaeaceae	荛花属 *Wikstroemia*
145	中国沙棘 *Hippophaerhamnoides* subsp. *sinensis*	胡颓子科 Elaeagnaceae	沙棘属 *Hippophae*
146	短柄五加 *Eleutherococcus brachypus*		
147	红毛五加 *Eleutherococcus giraldii*	五加科 Araliaceae	五加属 *Eleutherococcus*
148	倒卵叶五加 *Acanthopanax obovatus*		
149	楤木 *Aralia chinensis*		楤木属 *Aralia*
150	沙梾 *Cornus bretschneideri*		
151	红椋子 *Cornus hemsleyi*	山茱萸科 Cornaceae	山茱萸属 *Cornus*
152	四照花 *Cornus kousa* subsp. *chinensis*		
153	毛梾 *Cornus walteri*		

续表

序号	种名	科名	属名
154	前胡 *Peucedanum praeruptorum*		前胡属 *Peucedanum*
155	北柴胡 *Bupleurum chinense*	伞形科 Apiaceae	柴胡属 *Bupleurum*
156	银州柴胡 *Bupleurum yinchowense*		
157	秦岭当归 *Angelica tsinlingensis*		当归属 *Angelica*
158	狭叶珍珠菜 *Lysimachia pentapetala*	报春花科 Primulaceae	珍珠菜属 *Lysimachia*
159	胭脂花 *Primula maximowiczii*		报春花属 *Primula*
160	老鸹铃 *Styrax hemsleyanus*	安息香科 Styracaceae	安息香属 *Styrax*
161	连翘 *Forsythia suspensa*		连翘属 *Forsythia*
162	宿柱梣 *Fraxinus stylosa*		白蜡树属 *Fraxinus*
163	迎春花 *Jasminum nudiflorum*	木樨科 Oleaceae	迎春花属 *Jasminum*
164	紫丁香（华北紫丁香）*Syringa oblata*		
165	北京丁香 *Syringa reticulata* subsp. *pekinensis*		丁香属 *Syringa*
166	小叶巧玲花 *Syringa pubescens* subsp. *microphylla*		
167	互叶醉鱼草 *Buddleja alternifolia*	马钱科 Loganiaceae	醉鱼草属 *Buddleja*
168	华北白前 *Cynanchum mongolicum*	萝藦科 Asclepiadaceae	鹅绒藤属 *Cynanchum*
169	杠柳 *Periploca sepium*		杠柳属 *Periploca*
170	斑种草 *Bothriospermum chinense*	紫草科 Boraginaceae	斑种草属 *Bothriospermum*
171	狭苞斑种草 *Bothriospermum kusnezowii*		
172	光果莸 *Caryopteris tangutica*	马鞭草科 Verbenaceae	莸属 *Caryopteris*
173	三花莸 *Caryopteris terniflora*		
174	筋骨草 *Ajuga ciliata*		筋骨草属 *Ajuga*
175	线叶筋骨草 *Ajuga linearifolia*		
176	木香薷 *Elsholtzia stauntoni*		香薷属 *Elsholtzia*
177	显脉香茶菜 *Isodon nervosus*	唇形科 Lamiaceae	香茶菜属 *Isodon*
178	拟缺香茶菜 *Isodon excisoides*		
179	錾菜 *Leonurus pseudomacranthus*		益母草属 *Leonurus*
180	糙苏 *Phlomis umbrosa*		糙苏属 *Phlomis*
181	荫生鼠尾草 *Salvia umbratica*		鼠尾草属 *Salvia*
182	柳穿鱼 *Linaria vulgaris* subsp. *chinensis*		柳穿鱼属 *Linaria*
183	藓生马先蒿 *Pedicularis muscicola*		马先蒿属 *Pedicularis*
184	水蔓菁 *Pseudolysimachion linariifolium* subsp. *dilatatum*	玄参科 Scrophulariaceae	穗花属 *Pseudolysimachion*
185	地黄 *Rehmannia glutinosa*		地黄属 *Rehmannia*
186	玄参 *Scrophularia ningpoensis*		玄参属 *Scrophularia*

续表

序号	种名	科名	属名
187	灰楸 *Catalpa fargesii*	紫葳科 Bignoniaceae	梓属 *Catalpa*
188	角蒿 *Incarvillea sinensis*		角蒿属 *Incarvillea*
189	旋蒴苣苔 *Boea hygrometrica*	苦苣苔科 Gesneriaceae	旋蒴苣苔属 *Boea*
190	金钱草（膜叶茜草）*Rubia membranacea*	茜草科 Rubiaceae	茜草属 *Rubia*
191	卵叶茜草 *Rubia ovatifolia*		
192	薄皮木 *Leptodermis oblonga*		野丁香属 *Leptodermis*
193	葱皮忍冬 *Lonicera ferdinandii*	忍冬科 Caprifoliaceae	忍冬属 *Lonicera*
194	郁香忍冬 *Lonicera fragrantissima*		
195	盘叶忍冬 *Lonicera tragophylla*		
196	桦叶荚蒾 *Viburnum betulifolium*	五福花科 Adoxaceae	荚蒾属 *Viburnum*
197	陕西荚蒾 *Viburnum schensianum*		
198	接骨木 *Sambucus williamsii*		接骨木属 *Sambucus*
199	糙叶败酱 *Patrinia scabra*	败酱科 Valerianaceae	败酱属 *Patrinia*
200	异叶败酱 *Patrinia heterophylla*		
201	石沙参 *Adenophora polyantha*	桔梗科 Campanulaceae	沙参属 *Adenophora*
202	泡沙参 *Adenophora potaninii*		
203	云南蓍 *Achillea wilsoniana*	菊科 Asteraceae	蓍属 *Achillea*
204	黄腺香青 *Anaphalis aureopunctata*		香青属 *Anaphalis*
205	疏生香青 *Anaphalis sinica* var. *alata*		
206	华北米蒿（荽蒿）*Artemisia giraldii*		蒿属 *Artemisia*
207	千叶狗娃花 *Aster altaicus* var. *millefolius*		紫菀属 *Aster*
208	裸菀 *Aster piccolii*		
209	委陵菊 *Chrysanthemum potentilloides*		菊属 *Chrysanthemum*
210	魁蓟 *Cirsium leo*		蓟属 *Cirsium*
211	多头麻花头 *Klasea centauroides* subsp. *polycephala*		麻花头属 *Klasea*
212	碗苞麻花头 *Klasea centauroides* subsp. *chanetii*		
213	小头薄雪火绒草 *Leontopodium japonicum* var. *microcephalum*		火绒草属 *Leontopodium*
214	长叶火绒草 *Leontopodium junpeianum*		
215	掌叶橐吾 *Ligularia przewalskii*		橐吾属 *Ligularia*
216	多裂耳菊 *Nabalus tatarinowii* subsp. *macrantha*		耳菊属 *Nabalus*

续表

序号	种名	科名	属名
217	两似蟹甲草 *Parasenecio ambiguus*		
218	山西蟹甲草 *Parasenecio dasythyrsus*		蟹甲草属 *Parasenecio*
219	太白蟹甲草 *Parasenecio pilgerianus*	菊科 Asteraceae	
220	蛛毛蟹甲草 *Parasenecio roborowskii*		
221	篦苞风毛菊 *Saussurea pectinata*		风毛菊属 *Saussurea*
222	蒙古蒲公英 *Taraxacum mongolicum*		蒲公英属 *Taraxacum*
223	中华芨芨草 *Achnatherum chinense*		芨芨草属 *Achnatherum*
224	小尖隐子草 *Cleistogenes mucronata*		隐子草属 *Cleistogenes*
225	华高野青茅 *Deyeuxia sinelatior*		野青茅 *Deyeuxia*
226	圆柱披碱草 *Elymus dahuricus* var. *cylindricus*	禾本科 Poaceae	披碱草属 *Elymus*
227	中华披碱草 *Elymus sinicus*		
228	多叶早熟禾 *Poa sphondylodes* var. *erikssonii*		早熟禾属 *Poa*
229	贫花三毛草 *Trisetum pauciflorum*		三毛草属 *Trisetum*
230	虎掌 *Pinellia pedatisecta*	天南星科 Araceae	半夏属 *Pinellia*
231	独角莲 *Sauromatum giganteum*		斑龙芋属 *Sauromatum*
232	野葱 *Allium chrysanthum*		葱属 *Allium*
233	合被韭 *Allium tubiflorum*		
234	长花天门冬 *Asparagus longiflorus*	百合科 Liliaceae	天门冬属 *Asparagus*
235	沿阶草 *Ophiopogon bodinieri*		沿阶草属 *Ophiopogon*
236	湖北黄精 *Polygonatum zanlanscianense*		黄精属 *Polygonatum*
237	糙柄菝葜 *Smilax trachypoda*		菝葜属 *Smilax*
238	毛杓兰 *Cypripedium franchetii*	兰科 Orchidaceae	杓兰属 *Cypripedium*
239	一叶兜被兰 *Neottianthe monophylla*		兜被兰属 *Neottianthe*

5.3.2 中国特有种分布亚型

依据王荷生等（1997）对华北地区分布的中国特有种的划分方法，并参考李登武（2009）对陕北黄土高原分布的中国特有种的划分方法，再根据本区分布的中国特有种在我国的分布情况，将陕西延安黄龙山褐马鸡国家级自然保护区分布的中国特有种划分为14个分布亚型，具体见表5-3。

表5-3 陕西延安黄龙山褐马鸡国家级自然保护区中国特有种分布亚型

序号	分布亚型	种数	占总种数的%	序号	分布亚型	种数	占总种数的%
1	华北分布	83	34.73	10	华北－华中－西南－华东分布	8	3.35
2	华北－东北分布	14	5.86	11	东北－华北－华中－华东分布	2	0.84
3	华北－西南分布	32	13.39	12	东北－华北－华中－西南分布	2	0.84

续表

序号	分布亚型	种数	占总种数的%	序号	分布亚型	种数	占总种数的%
4	华北-华中分布	19	7.95	13	西南-华中分布	13	5.44
5	华北-华东分布	4	1.67	14	西南-华中-华东分布	8	3.35
6	华北-东北-西南分布	2	0.84	15	华中-华东分布	1	0.42
7	华北-华中-西南分布	21	8.79	16	中国广布	4	1.67
8	华北-西北-西南分布	1	0.42	17	其他	15	6.28
9	华北-华中-华东分布	10	4.18		合计	239	100.00

(1)华北分布

华北分布本区有83种,占本区中国特有种总种数的34.73%,居各分布亚型之首,占绝对优势。其中蕨类植物有中华蹄盖蕨(*Athyrium sinense*)和河北对囊蕨(*Deparia vegetior*)2种;裸子植物仅有油松(*Pinus tabuliformis*)1种,在华北地区广布;被子植物有80种,如菊科有12种,主要有华北米蒿(荽蒿,*Artemisia giraldii*)、掌叶橐吾(*Ligularia przewalskii*)、委陵菊(*Chrysanthemum potentilloides*)、碗苞麻花头(*Klasea centauroides* subsp. *chanetii*)、太白蟹甲草(*Parasenecio pilgerianus*)、山西蟹甲草(*P. dasythyrsus*)和篦苞风毛菊(*Saussurea pectinata*)等,蔷薇科有11种,主要有毛叶欧李(*Cerasus dictyoneura*)、甘肃桃(*Amygdalus kansuensis*)、毛杏(*Armeniaca sibirica* var. *pubescens*)、橘红山楂(*Crataegus aurantia*)、河南海棠(*Malus honanensis*)、陇东海棠(*M. kansuensis*)、楸子(海棠果,*M. prunifolia*)、蕤核(扁核木,*Prinsepia uniflora*)、陕西蔷薇(*Rosa giraldii*)、黄蔷薇(*R. hugonis*)和大叶华北绣线菊(*Spiraea fritschiana* var. *angulata*)等,豆科有8种,主要有鸡峰山黄耆(*Astragalus kifonsanicus*)、小米黄耆(*A. satoi*)、背扁膨果豆(*Phyllolobium chinense*)、毛掌叶锦鸡儿(*Caragana leveillei*)、秦晋锦鸡儿(*C. purdomii*)、柄荚锦鸡儿(*C. stipitata*)、长叶铁扫帚(*Lespedeza caraganae*)和窄膜棘豆(*Oxytropis moellendorffii*)等,毛茛科有大火草(*Anemone tomentosa*)、小花草玉梅(*A. rivularis* var. *flore-minore*)、华北耧斗菜(*Aquilegia yabeana*)、灌木铁线莲(*Clematis fruticosa*)、黄花铁线莲(*C. intricata*)和冀北翠雀花(*Delphinium siwanense*)等6种,小檗科有短柄小檗(*Berberis brachypoda*),直穗小檗(*B. dasystachya*)、首阳小檗(*B. dielsiana*)和延安小檗(*B. purdomii*)等4种,木樨科有连翘(*Forsythia suspensa*)、紫丁香(华北紫丁香,*Syringa oblata*)、北京丁香(*S. reticulata* subsp. *pekinensis*)和小叶巧玲花(*S. pubescens* subsp. *microphylla*)等4种,杨柳科有黄龙柳(*Salix liouana*)、中国黄花柳(*Salix sinica*)和红皮柳(*Salix sinopurpurea*)等3种,禾本科有中华芨芨草(*Achnatherum chinense*)、小尖隐子草(*Cleistogenes mucronata*)和多叶早熟禾(*Poa sphondylodes* var. *erikssonii*)等3种,虎耳草科有东陵绣球(*Hydrangea bretschneideri*)、细叉梅花草(*Parnassia oreophila*),槭树科有细裂枫(*Acer pilosum* var. *stenolobum*)、元宝枫(*A. truncatum*),唇形科有线叶筋骨草(*Ajuga linearifolia*)、木香薷(*Elsholtzia stauntoni*),玄参科有藓生马先蒿(*Pedicularis muscicola*)、地黄(*Rehmannia glutinosa*),桔梗科有石沙参(*Adenophora polyantha*)、泡沙参(*Adenophora potaninii*)和百合科[合被韭(*Allium tubiflorum*)、长花天门冬(*Asparagus longiflorus*)]等各有2种,其他科如桦木科[虎榛子(*Ostryopsis davidiana*)]、榆科[旱榆(*Ulmus glaucescens*)]、景天科[乳毛费菜(*Phedimus aizoon* var. *scabrus*)、报春花科的(胭脂花 *Primula maximowiczii*)]、卫矛科[栓翅卫矛(*Euonymus phellomanus*)]、大戟科[甘遂(*Euphorbia kansui*)]、无患子科[文冠果(*Xanthoceras sorbifolium*)]、葡萄科[葎叶蛇葡萄(*Ampelopsis humulifolia*)]、胡颓子科[中国沙棘(*Hippophaer hamnoides* subsp. *sinensis*)]、鼠李科[酸枣(*Zizyphus jujuba* var. *spinosa*)]、伞形科[银州柴胡(*Bupleurum yinchowense*)]、柳叶菜科[狭叶珍珠菜(*Lysimachia pentapetala*)]、萝藦科[华北白前(*Cynanchum mongolicum*)]、紫草科[斑种草(*Bothriospermum chinense*)]、马鞭草科[光果莸(*Caryopteris tangutica*)]、茜草科[薄皮木(*Leptodermis oblonga*)]和败酱科[糙叶败酱(*Patrinia scabra*)]

等各有1种。其中秦晋锦鸡儿和委陵菊为陕西、山西特有种,小米黄耆为陕西北部、甘肃、内蒙古特有种,窄膜棘豆为陕西、山西、河北特有种,太白蟹甲草为陕西、甘肃、青海特有种,小头薄雪火绒草为陕西、山西、河南特有种。

(2) 华北-东北分布

华北-东北分布本区有14种,占本区中国特有种总种数的5.86%,主要有卷柏科的中华卷柏(Selaginella sinensis)、麻黄科的草麻黄(Ephedra sinica)、杨柳科的旱柳(Salix matsudana)、蔷薇科的黄刺玫(Rosa xanthina)和单瓣黄刺玫(R. xanthina f. normalis)、豆科的红花锦鸡儿(Caragana rosea)、大戟科的地构叶(Speranskia tuberculata)、鼠李科的锐齿鼠李(Rhamnus arguta)、葡萄科的乌头叶蛇葡萄(Ampelopsis aconitifolia)和掌裂草葡萄(A. aconitifolia var. palmiloba)、山茱萸科的沙棶(Cornus bretschneideri)、玄参科的柳穿鱼(Linaria vulgaris subsp. chinensis)、紫草科的狭苞斑种草(Bothriospermum kusnezowii)及菊科的千叶狗娃花(Aster altaicus var. millefolius)等。

(3) 华北-西南分布

华北-西南分布本区有32种,占本区中国特有种总种数的13.39%,其中蕨类植物有白背铁线蕨(Adiantum davidii)、陕西粉背蕨(Aleuritopteris argentea var. obscura)、膜叶冷蕨(Cystopteris pellucida)和秦岭槲蕨(Drynaria baronii)等4种,被子植物有28种,如蔷薇科有山桃(Amygdalus davidiana)、甘肃山楂(Crataegus kansuensis)、花叶海棠(Malus transitoria)、绢毛匍匐委陵菜(Potentilla reptans var. sericophylla)、扁刺蔷薇(Rosa sweginzowii)、蒙古绣线菊(Spiraea mongolia)和木梨(野梨, Pyrus xerophila)等7种,菊科[裸菀(Aster piccolii)、蛛毛蟹甲草(Parasenecio roborowskii)]和禾本科[圆柱披碱草(Elymus dahuricus var. cylindricus)]、中华披碱草(Elymus sinicus)]等各有2种,其他如杨柳科的乌柳(Salix cheilophila)、蓼科的木藤首乌(Fallopia aubertii)、石竹科的石生蝇子草(Silene tatarinowii)、罂粟科的秃疮花(Dicranostigma leptopodum)、虎耳草科的瘤糖茶藨子(Ribes himalense var. verruculosum)、豆科的大野豌豆(Vicia sinogigantea)、鼠李科的少脉雀梅藤(对节木, Sageretia paucicostata)、葡萄科的变叶葡萄(复叶葡萄, Vitis piasezkii)、五加科的红毛五加(Eleutherococcus giraldii)、山茱萸科的红棕子(Cornus hemsleyi)、无患子科的栾树(Koelreuteria paniculata)、马钱科的互叶醉鱼草(Buddleja alternifolia)、马鞭草科的三花莸(Caryopteris terniflora)、木樨科的迎春花(Jasminum nudiflorum)、菊科的长叶火绒草(Leontopodium junpeianum)、天南星科的独角莲(Sauromatum giganteum)及百合科的野葱(Allium chrysanthum)等。

(4) 华北-华中分布

华北-华中分布本区有19种,占本区中国特有种总种数的7.95%,其中蔷薇科有细弱栒子(Cotoneaster gracilis)、西北栒子(C. zabelii)和菰帽悬钩子(Rubus pileatus)3种,毛茛科有松潘乌头(Aconitum sungpanense)、秦岭铁线莲(Clematis obscura)、虎耳草科有大花溲疏(Deutzia grandiflora)、山梅花(Philadelphus incanus)和唇形科的筋骨草(Ajuga ciliata)、荫生鼠尾草(Salvia umbratica)等各有2种,蹄盖蕨科有陕西对囊蕨(Deparia giraldii)、松科的白皮松(Pinus bungeana)、桑科有桑树(Morus alba)、石竹科有长蕊石头花(Gypsophila oldhamiana)、芍药科的紫斑牡丹(Paeonia rockii)、小檗科有淫羊藿(Epimedium brevicornu)、椴树科有少脉椴(Tilia paucicostata)、瑞香科的河朔荛花(羊厌厌, Wikstroemia chamaedaphne)、菊科有疏生香青, Anaphalis sinica var. alata)和百合科有糙柄菝葜(Smilax trachypoda)等各有1种。

(5) 华北-华东分布

华北-华东分布本区有石竹科的鹤草(Silene fortunei)、毛茛科的腺毛翠雀(Delphinium grandiflorum var. gilgianum)、蔷薇科的钝叶蔷薇(Rosa sertata)和唇形科的錾菜(Leonurus pseudomacranthus)等4种,占本区中国特有种总种数的1.67%。

(6) 华北-东北-西南分布

华北-东北-西南分布本区仅有蔷薇科的毛樱桃(Cerasus tomentosa)和忍冬科的葱皮忍冬(Lonicera ferdinandii)等2种,占本区中国特有种总种数的0.84%。

(7) 华北－华中－西南分布

华北－华中－西南分布本区有21种,占本区中国特有种总种数的8.79%,主要有水龙骨科的华北石韦(*Pyrrosia davidii*)、景天科的火焰草(繁缕叶景天,*Sedum stellariifolium*)、虎耳草科的挂苦绣球(*Hydrangea xanthoneura*)、毛茛科的粗齿铁线莲(*Clematis grandidentata*)、樟科的木姜子(*Litsea pungens*)、蔷薇科的多毛樱桃(*Cerasus polytricha*)和毛灰栒子(*Cotoneaster acutifolius* var. *villosulus*)、豆科的多花木蓝(*Indigofera amblyantha*)和白刺花(狼牙刺,*Sophora davidii*)、卫矛科的苦皮藤(*Celastrus angulatus*)、芸香科的花椒(*Zanthoxylum bungeanum*)、五加科的楤木(*Aralia chinensis*)、山茱萸科的毛梾(油树,*Cornus walteri*)、紫葳科的灰楸(*Catalpa fargesii*)、苦苣苔科的旋蒴苣苔(*Boea hygrometrica*)、茜草科的卵叶茜草(*Rubia ovatifolia*)、唇形科的糙苏(*Phlomis umbrosa*)和拟缺香茶菜(*Isodon excisoides*)、五福花科的桦叶荚蒾(*Viburnum betulifolium*)、菊科的黄腺香青(*Anaphalis aureopunctata*)及天南星科的虎掌(*Pinellia pedatisecta*)。

(8) 华北－西北－西南分布

华北－西北－西南分布本区仅有紫葳科的角蒿(*Incarvillea sinensis*)1种,占本区中国特有种总种数的0.42%。

(9) 华北－华中－华东分布

华北－华中－华东分布本区有10种,占本区中国特有种总种数的4.18%,主要有水龙骨科的中华水龙骨(*Polypodiodes chinensis*)、石竹科的中国繁缕(*Stellaria chinensis*)、罂粟科的小果博落回(*Macleaya microcarpa*)、蔷薇科的红柄白鹃梅(*Exochorda giraldii*)和湖北海棠(*Malus hupehensis*)、玄参科的水蔓菁(*Pseudolysimachion linariifolium* subsp. *dilatatum*)和玄参(*Scrophularia ningpoensis*)、忍冬科的郁香忍冬(*Lonicera fragrantissima*)和盘叶忍冬(*Lonicera tragophylla*)及五福花科的陕西荚蒾(*Viburnum schensianum*)等。

(10) 华北－华中－西南－华东分布

华北－华中－西南－华东分布本区有板栗(*Castanea mollissima*)、乌头(*Aconitum carmichaelii*)、杜梨(*Pyrus betulifolia*)、皂荚(*Gleditsia sinensis*)、青榨槭(*Acer davidii*)、黄连木(*Pistacia chinensis*)、小花扁担杆(*Grewia biloba* var. *parviflora*)和四照花(*Cornus kousa* subsp. *chinensis*)等8种,占本区中国特有种总种数的3.35%。

(11) 东北－华北－华中－华东分布

东北－华北－华中－华东分布本区仅有碗蕨科的溪洞碗蕨(*Dennstaedtia wilfordii*)和伞形科的北柴胡(*Bupleurum chinense*)等2种,占本区中国特有种总种数的0.84%。

(12) 东北－华北－华中－西南分布

东北－华北－华中－西南分布本区仅有五福花科的接骨木(*Sambucus williamsii*)和菊科的蒙古蒲公英(*Taraxacum mongolicum*)等2种,占本区中国特有种总种数的0.84%。

(13) 西南－华中分布

西南－华中分布本区有13种,占本区中国特有种总种数的5.44%,主要有蓼科的细柄野荞(*Fagopyrum gracilipes*)、罂粟科的石生黄堇(岩黄连,*Corydalis saxicola*)、十字花科的小花南芥(*Arabis alpina* var. *parviflora*)、蔷薇科的湖北花楸(*Sorbus hupehensis*)、漆树科的青肤杨(*Rhus potaninii*)、清风藤科的泡花树(*Meliosma cuneifolia*)、葡萄科的蓝果蛇葡萄(*Ampelopsis bodinieri*)、安息香科的老鸹铃(*Styrax hemsleyanus*)、茜草科的金钱草(膜叶茜草,*Rubia membranacea*)、菊科的云南蓍(*Achillea wilsoniana*)、百合科的沿阶草(*Ophiopogon bodinieri*)及兰科的毛杓兰(*Cypripedium franchetii*)和一叶兜被兰(*Neottianthe monophylla*)等。

(14) 西南－华中－华东分布

西南－华中－华东分布本区有8种,占本区中国特有种总种数的3.35%,主要有柏科的刺柏(*Juniperus formosana*)、毛茛科的钝萼铁线莲(*Clematis peterae*)、虎耳草科的大叶金腰(*Chrysosplenium macrophyllum*)、卫矛科的短梗南蛇藤(*Celastrus rosthornianus*)、省沽油科的膀胱果(*Staphylea holocarpa*)、伞形科的前胡(*Peucedanum praeruptorum*)、唇形科的显脉香茶菜(*Isodon nervosus*)、百合科的湖北黄精(*Polygonatum zanlanscianense*)等。

(15)华中-华东分布

华中-华东分布本区仅有蔷薇科的湖北山楂(*Crataegus hupehensis*)1种,占本区中国特有种总种数的0.42%。

(16)中国广布

中国广布本区有蔷薇科的李(*Prunus salicina*)、苦木科的臭椿(*Ailanthus altissima*)、萝藦科的杠柳(*Periploca sepium*)和异叶败酱(*Patrinia heterophylla*)等4种,占本区中国特有种总种数的1.67%。

(17)其他

其他分布本区有15种,占本区中国特有种总种数的6.28%。具体如下:

①陕西特有　本区仅有陕西小檗(*Berberis shensiana*)1种;

②陕西、四川特有　本区仅有宽叶翻白柳(*Salix hypoleuca* var. *platyphylla*)1种;

③陕西、河南、四川特有　本区有华高野青茅(*Deyeuxia sinelatior*)和贫花三毛草(*Trisetum pauciflorum*)2种;

④陕西、甘肃、湖北特有　本区仅有小叶鹅耳枥(*Carpinus stipulata*)1种;

⑤陕西、甘肃、河南、四川特有　本区仅有宿柱梣(*Fraxinus stylosa*)1种;

⑥陕甘(陕西、甘肃)特有　本区有平叶景天(狗牙瓣)*Sedum planifolium*、华西茶藨子(*Ribes maximowiczii*)、秦岭锦鸡儿(*Caragana shensiensis*)、米口袋状棘豆(*Oxytropis gueldenstaedtioides*)、秦岭当归(*Angelica tsinlingensis*)和光籽木槿(*Hibiscus leviseminus*)等6种;

⑦陕甘宁(陕西、甘肃、宁夏)特有　本区有倒卵叶五加(*Acanthopanax obovatus*)和短柄五加(*Eleutherococcus brachypus*)2种;

⑧陕西、甘肃、山西特有　本区仅有陕甘山桃(*Amygdalus davidiana* var. *potaninii*)1种。

5.4　中国特有植物区系基本特征

(1)特有属贫乏,特有种较丰富,无保护区地方特有种

本区无中国特有科,中国特有属仅有4属,占本区维管植物总属数的0.84%;中国特有种有239种,占本区维管植物总种数的24.82%。这些中国特有种中无保护区地方特有种,陕西省地方特有种仅有陕西小檗(*Berberis shensiana*)1种。

(2)特有植物区系以华北成分、华北-西南成分、华北-华中-西南成分、华北-华中成分为主

本区中国特有植物区系以华北成分、华北-西南成分、华北-华中-西南成分、华北-华中成分为主,其次华北-东北成分、西南-华中成分、华北-华中-华东成分等也占有一定的比例,表明本区中国特有植物区系是我国东、西(西南)、北(东北)、南(华中)的交汇区、过渡区,且联系广泛。

主要参考文献

[1] 王荷生.华北植物区系地理[M].北京:科学出版社,1997.

[2] 李登武.陕北黄土高原植物区系地理研究[M].杨凌:西北农林科技大学出版社,2009.

第 6 章

资源植物

据调查和参考相关文献(陈冀胜等,1987;戴宝合,1998;张凤臣等,2006;李卫忠等,2006;李登武,2009;程铁锁等,2015;刘利红,2016;姜莹等,2020)统计,陕西延安黄龙山褐马鸡国家级自然保护区主要资源植物有药用植物(590 种),芳香植物(85 种),油脂植物(42 种),糖类及淀粉植物(50 种),野菜植物(32 种),有毒植物(199 种),鞣料植物(42 种),树脂、树胶及橡胶植物(23 种),经济昆虫寄主植物(12 种),饲料植物(95 种)等,具体分述如下:

6.1 药用植物

陕西延安黄龙山褐马鸡国家级自然保护区药用植物有 590 种,其中石松类和蕨类植物有 26 种,种子植物有 564 种。具体如下:

6.1.1 药用石松类和蕨类植物

红枝卷柏(圆枝卷柏)*Selaginella sanguinolenta* (Linn.) Spring　全草入药。

中华卷柏 *Selaginella sinensis* (Desv.) Spring　全草入药。

卷柏 *Selaginella tamariscina* (Beauv.) Spring　全草入药。

问荆 *Equisetum arvense* Linn.　全草入药。

犬问荆 *Equisetum palustre* Linn.　地上部分入药。

节节草 *Hippochaete ramosissimum* (Desf.) Borner　全草入药。

草问荆 *Equisetum pratense* Ehrhart　全草入药。

木贼 *Hippochaete hiemale* (Linn.) Borner　全草入药。

蕨 *Pteridium aquilinum* var. *latisuculum* (Desv.) Undrew. ex Heller　全草入药。

白背铁线蕨 *Adiantum davidii* Franch　全草入药。

掌叶铁线蕨 *Adiantum pedatum* Linn.　全草入药。

华北粉背蕨 *Aleuritopteris kuhnii* (Milde) Ching　根状茎、叶入药。

普通凤了蕨 *Coniogramme intermedia* Hieron.　根状茎入药。

北京铁角蕨 *Asplenium pekinense* Hance　全草入药。

过山蕨 *Asplenium sibiricus* Kurata　全草入药。

铁角蕨 *Asplenium trichomanes* Linn.　全草入药。

耳羽岩蕨 *Woodsia polystichoides* Eaton　根茎入药。

中华蹄盖蕨 *Athyrium sinense* Rupr.　根状茎入药。

河北对囊蕨 *Deparia vegetior* (Kitagawa) X. C. Zhang　根状茎入药。

贯众 *Cyrtomium fortunei* J. Sm.　根茎入药。

华北鳞毛蕨 *Dryopteris goeringiana* (Kze.) Koidz. 根状茎入药。

华北耳蕨 *Polystichum craspedosorum* (Maxim.) Diels 根茎入药,有小毒。

网眼瓦韦 *Lepisorus clathratus* (Clarke) Ching 全草入药。

秦岭槲蕨 *Drynaria baronii* (Christ) Diels 根状茎入药。

有柄石韦 *Pyrrosia petiolosa* (Christ) Ching 全草入药。

槐叶苹 *Salvinia natans* (Linn.) All. 全草入药。

6.1.2 药用种子植物

白皮松 *Pinus bungeana* Zucc. et Endl. 针叶、球果入药。

油松 *Pinus tabuliformis* Carr. 花粉、干燥瘤状节或分枝节、枝干结节、针叶、树脂、幼根或根白皮、球果、树皮和幼枝尖端均可入药。

侧柏 *Platycladus orientalis* (Linn.) Endl. 干燥枝叶、种仁、树脂、树枝和去掉栓皮的根皮均可入药。

刺柏 *Juniperus formosana* Hayata 叶、球果及心材均可入药。

草麻黄 *Ephedra sinica* Stapf 重要药用植物,干燥草质茎入药。

银线草 *Chloranthus japonicus* Sieb. 全草入药。

山杨 *Populus davidiana* Dode 树皮入药。

小叶杨 *Populus simonii* Carr. 树皮入药。

乌柳 *Salix cheilophila* Schneid. 树皮、枝、叶入药。

旱柳 *Salix matsudana* Koidz. 树皮入药。

红皮柳 *Salix sinopurpurea* C. Wang et C. Y. Yu 根入药。

皂柳 *Salix wallichiana* Anderss. 根入药。

胡桃楸 *Juglans mandshurica* Maxim. 树皮、根皮入药。

野核桃 *Juglans cathayensis* Dode 果实、根、茎皮入药。

核桃 *Juglans regia* Linn. 果实入药。

白桦 *Betula platyphylla* Suk. 树皮、茎皮入药。

榛 *Corylus heterophylla* Fisch. ex Trautv. 种仁入药。

千金榆 *Carpinus cordata* Bl. 果穗、根皮入药。

鹅耳枥 *Carpinus turczaninowii* Hance 树皮、叶入药。

虎榛子 *Ostryopsis davidiana* (Baill.) Decne. 果实入药。

板栗 *Castanea mollissima* Bl. 果实、花序、总苞、叶入药。

麻栎 *Quercus acutissima* Carr. 果实、壳斗、根皮、树皮入药。

槲栎 *Quercus aliena* Bl. 根、树皮、壳斗入药。

辽东栎 *Quercus wutaishanica* Mayr 果实、根皮、树皮、壳斗入药。

栓皮栎 *Quercus variabilis* Bl. 果实及壳斗入药。

大叶朴 *Celtis koraiensis* Nakai 根、茎、叶入药。

刺榆 *Hemiptelea davidii* (Hance) Planch. 叶、根皮、树皮入药。

春榆 *Ulmus davidiana* var. *japonica* Nakai 根、树皮入药。

大果榆 *Ulmus macrocarpa* Hance 果实(芜荑)入药。

榔榆 *Ulmus parvifolia* Jacq. 树皮或根皮(榔榆皮)、茎叶(榔榆茎叶)入药。

榆树 *Ulmus pumila* Linn. 树皮或根皮韧皮部(榆白皮)、榆叶、榆花及枝皮入药。

构树 *Broussonetia papyrifera* (Linn.) L'Herit. ex Vent. 果实(楮实子)、根、叶入药。

柘(柘树) *Maclura tricuspidata* Carr. 果实、根、茎叶入药。

桑树 *Morus alba* Linn. 果穗(桑葚)、根皮、桑枝、桑叶入药。

鸡桑 *Morus australis* Poir. 根皮、叶等入药。

华桑 *Morus cathayana* Hemsl. 根皮、叶入药。

啤酒花 *Humulus lupulus* Linn. 绿色果穗入药。

葎草 *Humulus scandens*（Lour.）Merr. 全草及根入药。

赤麻 *Boehmeria silvestrii*（Pamp.）W. T. Wang 全草入药。

艾麻 *Laportea cuspidata*（Wedd.）Friis 根入药。

珠芽艾麻 *Laportea bulbifera*（Sieb. et Zucc.）Wedd. 嫩叶、珠芽及根入药。

墙草 *Parietaria micrantha* Ledeb. 根入药。

透茎冷水花 *Pilea pumila*（Linn.）A. Gray 全草及叶入药。

麻叶荨麻 *Urtica cannabina* Linn. 全草入药。

宽叶荨麻 *Urtica laetevirens* Maxim. 全草入药。

百蕊草 *Thesium chinense* Turcz. 全草入药。

急折百蕊草 *Thesium refractum* Mey. 全草入药。

北桑寄生 *Loranthus tanakae* Franch. et Sav. 枝叶入药。

槲寄生 *Viscum coloratum*（Kom.）Nakai 枝叶及全株入药。

北马兜铃 *Aristolochia contorta* Bge. 果实及全草入药。

苦荞 *Fagopyrum tataricum*（Linn.）Gaertn. 根及全草入药。

萹蓄 *Polygonum aviculare* Linn. 全草入药。

水蓼 *Polygonum hydropiper* Linn. 全草入药。

马蓼（酸模叶蓼）*Polygonum lapathifolium* Linn. 全草入药。

绵毛马蓼（柳叶蓼）*Polygonum lapathifolium* var. *salicifolium* Sibth. 全草入药。

长鬃蓼 *Polygonum longisetum* Bruijn 全草入药。

尼泊尔蓼 *Polygonum nepalense* Meisn. 根入药。

红蓼 *Polygonum orientale* Linn. 果实及全草入药。

杠板归 *Polygonum perfoliatum* Linn. 全草入药。

丛枝蓼 *Polygonum posumbu* Buch. - Ham. 全草入药。

西伯利亚神血宁 *Polygonum sibiricum* Laxm. 全草及根入药。

支柱拳参 *Polygonum suffultum* Maxim. 根及全草入药。

香蓼 *Polygonum viscosum* Buch. - Ham. ex D. Don 全草入药。

珠芽拳参（珠芽蓼）*Polygonum viviparum* Linn. 根及果实入药。

波叶大黄 *Rheum rhabarbarum* Linn. 根入药。

酸模 *Rumex acetosa* Linn. 根及全草入药。

皱叶酸模 *Rumex crispus* Linn. 根及全草入药。

齿果酸模 *Rumex dentatus* Linn. 根及全草入药。

巴天酸模 *Rumex patientia* Linn. 根入药。

轴藜 *Axyris amaranthoides* Linn. 果实入药。

藜 *Chenopodium album* Linn. 幼嫩全草入药。

杂配藜 *Chenopodium hybridum* Linn. 全草入药。

灰绿藜 *Chenopodium glaucum* Linn. 全草入药。

刺藜 *Dysphania aristata*（Linn.）Mosyak. et Clem. 全草入药。

菊叶香藜 *Dysphania schraderiana*（Roem. et Schult.）Mosyak. et Clem. 全草入药。

地肤 *Kochia scoparia*（Linn.）Schrad. 果实、嫩茎叶入药。

猪毛菜 *Salsola collina* Pall. 全草入药。

碱蓬 *Suaeda glauca* Bge. 全草入药。

凹头苋 *Amaranthus blitum* Linn. 全草入药。

反枝苋 *Amaranthus retroflexus* Linn. 全草入药。

商陆 *Phytolacca acinosa* Roxb. 根入药。

马齿苋 *Portulaca oleracea* Linn. 全草入药。

无心菜 *Arenaria serpyllifolia* Linn. 全草入药。

卷耳 *Cerastium arvense* Linn. 全草入药。

簇生泉卷耳 *Cerastium fontanum* subsp. *triviale* (Murb.) Jalas. 全草入药。

石竹 *Dianthus chinensis* Linn. 全草入药。

瞿麦 *Dianthus superbus* Linn. 全草入药。

长蕊石头花 *Gypsophila oldhamiana* Miquel 根入药。

薄蒴草 *Lepyrodiclis holosteoides* (C. A. Mey.) Fisch. et Mey. 全草入药。

鹅肠菜（牛繁缕）*Myosoton aquaticum* (Linn.) Moench 全草入药。

漆姑草 *Sagina japonica* (Sw.) Ohwi 全草入药。

肥皂草 *Saponaria officinalis* Linn. 根入药。

女娄菜 *Silene aprica* Turcz. ex Fisch. et Mey. 全草入药。

疏毛女娄菜（坚硬女娄菜）*Silene firma* Sieb. et Zucc. 全草及种子入药。

狗筋蔓 *Silene baccifera* (Linn.) Roth 根及根毛入药。

麦瓶草 *Silene conoidea* Linn. 全草入药。

鹤草（蝇子草、蚊子草）*Silene fortunei* Vis. 全草入药。

蔓茎蝇子草 *Silene repens* Patr. 全草及花、果实入药。

石生蝇子草 *Silene tatarinowii* Regel 全草入药。

中国繁缕 *Stellaria chinensis* Regel 全草入药。

繁缕 *Stellaria media* (Linn.) Vill. 全草入药。

沼生繁缕 *Stellaria palustris* Retz. 全草入药。

禾叶繁缕 *Stellaria graminea* Linn. 全草入药。

麦蓝菜（王不留行）*Vaccaria hispanica* (Mill.) Rausch. 种子入药。

金鱼藻 *Ceratophyllum demersum* Linn. 全草入药。

三叶木通 *Akebia trifoliata* (Thunb.) Koidz. 果实、茎藤（木通）及根入药。

芍药 *Paeonia lactiflora* Pall. 根入药。

草芍药 *Paeonia obovata* Maxim. 根（赤芍）入药。

紫斑牡丹 *Paeonia rockii* (S. G. Haw et Lauener) T. Hong et J. J. Li 根皮入药。

牛扁 *Aconitum barbatum* var. *puberulum* Ledeb. 根入药。

西伯利亚乌头 *Aconitum barbatum* var. *hispidum* Ledeb. 根入药。

乌头 *Aconitum carmichaelii* Debx. 根入药。

松潘乌头 *Aconitum sungpanense* Hand.-Mazz. 根入药。

类叶升麻 *Actaea asiatica* H. Hara 全草及根入药。

小花草玉梅 *Anemone rivularis* var. *flore-minore* Maxim. 全草及根入药。

大火草 *Anemone tomentosa* (Maxim.) Péi 根入药。

耧斗菜 *Aquilegia viridiflora* Pall. 全草入药。

华北耧斗菜 *Aquilegia yabeana* Kitag. 全草入药。

升麻 *Cimicifuga foetida* Linn. 全草及根入药。

小升麻（金龟草）*Cimicifuga japonica* (Thunb.) Spreng. 根入药。

短尾铁线莲 *Clematis brevicaudata* DC. 全株及茎叶入药。

粉绿铁线莲 *Clematis glauca* Willd. 全株入药。

大叶铁线莲 *Clematis heracleifolia* DC. 全株入药。

棉团铁线莲 *Clematis hexapetala* Pall. 根入药。

黄花铁线莲 *Clematis intricata* Bge. 全株入药。

秦岭铁线莲 *Clematis obscura* Maxim. 全株入药。

钝萼铁线莲 *Clematis peterae* Hand.-Mazz. 藤茎、根入药。

圆锥铁线莲(黄药子) *Clematis terniflora* DC. 叶入药。

翠雀 *Delphinium grandiflorum* Linn. 全草及根入药。

腺毛翠雀 *Delphinium grandiflorum* var. *gilgianum* (Pilg. ex Gilg) Finet et Gagnep. 全草及根入药。

冀北翠雀花(细须翠雀花) *Delphinium siwanense* Franch 全草入药。

碱毛茛 *Halerpestes sarmentosa* (Adams) Kom. et Aliss. 全草入药。

白头翁 *Pulsatilla chinensis* (Bge.) Regel 根、茎叶入药。

茴茴蒜 *Ranunculus chinensis* Bge. 全草入药。

毛茛 *Ranunculus japonicus* Thunb. 全草入药。

石龙芮 *Ranunculus sceleratus* Linn. 全草入药。

贝加尔唐松草 *Thalictrum baicalense* Turcz. 根及根状茎入药。

东亚唐松草 *Thalictrum minus* var. *hypoleucum* (Sieb. et Zucc.) Miq. 根入药。

短梗箭头唐松草 *Thalictrum simplex* var. *brevipes* H. Hara 全草入药及花、果实入药。

瓣蕊唐松草 *Thalictrum petaloideum* Linn. 根及果实入药。

黄芦木(小檗) *Berberis amurensis* Rupr. 根入药。

直穗小檗 *Berberis dasystachya* Maxim. 根皮、茎皮入药。

首阳小檗 *Berberis dielsiana* Fedde 根入药。

延安小檗 *Berberis purdomii* Schneid. 根入药。

陕西小檗 *Berberis shensiana* Ahrendt 根、茎皮入药。

淫羊藿 *Epimedium brevicornu* Maxim. 全草入药。

蝙蝠葛 *Menispermum dauricum* DC. 根入药。

五味子(北五味子) *Schisandra chinensis* (Turcz.) Baill. 果实入药。

木姜子 *Litsea pungens* Hemsl. 果实入药。

白屈菜 *Chelidonium majus* Linn. 全草入药。

地丁草 *Corydalis bungeana* Maxim. 全草入药。

紫堇 *Corydalis edulis* Maxim. 全草及根入药。

蛇果黄堇 *Corydalis ophiocarpa* Hook. f. et Thoms. 全草入药。

石生黄堇(岩黄连) *Corydalis saxicola* Bunting 全草及根入药。

秃疮花 *Dicranostigma leptopodum* (Maxim.) Fedde 全草及根入药。

角茴香 *Hypecoum erectum* Linn. 全草及根入药。

小果博落回 *Macleaya microcarpa* (Maxim.) Fedde 全草入药。

垂果南芥 *Arabis pendula* Linn. 全草及种子入药。

荠 *Capsella bursa-pastoris* (Linn.) Medikus 全草入药。

播娘蒿 *Descurainia sophia* (Linn.) Webb. ex Prantl 全草及种子入药。

葶苈 *Draba nemorosa* Linn. 全草入药。

芝麻菜 *Eruca vesicaria* subsp. *sativa* (Mill.) Thell. 种子入药。

糖芥 *Erysimum amurense* Kitag. 全草及种子入药。

小花糖芥 *Erysimum cheiranthoides* Linn. 全草入药。

独行菜 *Lepidium apetalum* Willd. 全草及根、种子入药。

宽叶独行菜 *Lepidium latifolium* Linn. 全草入药。

蔊菜 *Rorippa indica*（Linn.）Hiern 全草入药。

沼生蔊菜 *Rorippa palustris*（Linn.）Bess. 全草入药。

无瓣蔊菜 *Rorippa dubia*（Pers.）H. Hara 全草入药。

菥蓂 *Thlaspi arvense* Linn. 全草及种子入药。

八宝 *Hylotelephium erythrostictum*（Miq.）H. Ohba. 全草入药。

轮叶八宝 *Hylotelephium verticillatum*（Linn.）H. Ohba. 全草（还魂草）入药。

瓦松 *Orostachys fimbriata*（Turcz.）Berger 全草入药。

费菜 *Phedimus aizoon*（Linn.）ʻt Hart 全草入药。

垂盆草（豆瓣菜、狗牙瓣、佛甲草）*Sedum sarmentosum* Bge. 全草入药。

落新妇（红升麻）*Astilbe chinensis*（Maxim.）Franch. et. Savat. 根及全草入药。

中华金腰 *Chrysosplenium sinicum* Maxim. 全草入药。

大叶金腰 *Chrysosplenium macrophyllum* Oliv. 全草入药。

大花溲疏 *Deutzia grandiflora* Bge. 果实入药。

小花溲疏 *Deutzia parviflora* Bge. 茎皮入药。

挂苦绣球 *Hydrangea xanthoneura* Diels 花、叶、枝、根入药。

细叉梅花草 *Parnassia oreophila* Hance. 全草入药。

扯根菜 *Penthorum chinense* Pursh 全草入药。

山梅花 *Philadelphus incanus* Koehne 根皮入药。

太平花 *Philadelphus pekinensis* Rupr. 根入药。

糖茶藨子 *Ribes himalense* Royle ex Decne. 果实入药。

龙芽草 *Agrimonia pilosa* Ledeb. 全草入药。

黄龙尾 *Agrimonia pilosa* var. *nepalensis*（D. Don）Nakai. 全草入药。

山桃 *Amygdalus davidiana*（Carr.）Fr. 种子及花、幼果入药。

山杏 *Armeniaca sibirica*（Linn.）Lam. 种子入药。

野杏 *Armeniaca vulgaris* var. *ansu*（Maxim.）Yü et Lu 种子入药。

毛叶欧李 *Cerasus dictyoneura*（Diels）Holub 种子入药。

毛樱桃 *Cerasus tomentosa*（Thunb.）Wall. 种子入药。

细弱栒子 *Cotoneaster gracilis* Rehd. et Wils. 叶、果实入药。

水栒子 *Cotoneaster multiflorus* Bge. 枝叶入药。

西北栒子 *Cotoneaster zabelii* Schneid. 枝叶、果实入药。

湖北山楂 *Crataegus hupehensis* Sarg. 果实入药。

甘肃山楂 *Crataegus kansuensis* Wils. 果实入药。

橘红山楂 *Crataegus aurantia* Pojark. 果实入药。

山楂 *Crataegus pinnatifida* Bge. 果实入药。

蛇莓 *Duchesnea indica*（Andr.）Focka 全草入药。

东方草莓 *Fragaria orientalis* Lozinsk. 全草及果实入药。

野草莓 *Fragaria vesca* Linn. 全草及果实入药。

路边青 *Geum aleppicum* Jacq. 全草及根入药。

山荆子 *Malus baccata*（Linn.）Borkh. 果实入药。

湖北海棠 *Malus hupehensis*（Pamp.）Rehd. 根、果实入药。

河南海棠 *Malus honanensis* Rehd. 果实入药。

陇东海棠 *Malus kansuensis*（Batal.）Schneid. 果实入药。

毛山荆子 *Malus manshurica*（Maxim.）Kom. 果实入药。

楸子（海棠果）*Malus prunifolia*（Willd.）Borkh. 果实入药。

花叶海棠 *Malus transitoria*（Batal.）Schneid. 果实入药。

蕨麻（鹅绒委陵菜）*Potentilla anserina* Linn. 全草入药。

二裂委陵菜 *Potentilla bifurca* Linn. 全草入药。

委陵菜 *Potentilla chinensis* Ser. 全草入药。

翻白草 *Potentilla discolor* Bge. 全草及根入药。

多茎委陵菜 *Potentilla multicaulis* Bge. 全草及根入药。

绢毛匍匐委陵菜 *Potentilla reptans* var. *sericophylla* Franch. 全草入药。

蕤核 *Prinsepia uniflora* Batal. 果核入药。

李 *Prunus salicina* Lindl. 种子入药。

杜梨 *Pyrus betulifolia* Bge. 果实、枝叶入药。

木梨（野梨）*Pyrus xerophila* T. T. Yu 根皮、果实入药。

扁刺蔷薇 *Rosa sweginzowii* Koehne 果实入药。

茅莓 *Rubus parvifolius* Linn. 全株及根入药。

腺花茅莓 *Rubus parvifolius* var. *adenochlamys*（Focke）Migo 全株入药。

地榆 *Sanguisorba officinalis* Linn. 根入药。

湖北花楸 *Sorbus hupehensis* C. K. Schneid. 果实入药。

绣球绣线菊 *Spiraea blumei* G. Don 根入药。

大叶华北绣线菊 *Spiraea fritschiana* var. *angulata*（Fritsch ex Schneid.）Rehd. 根及果实入药。

三裂绣线菊 *Spiraea trilobata* Linn. 叶、果实入药。

紫穗槐 *Amorpha fruticosa* Linn. 花入药。

两型豆 *Amphicarpaea edgeworthii* Benth. 种子入药。

地八角（土牛膝）*Astragalus bhotanensis* Bak. 全草入药。

斜茎黄耆（直立黄耆、沙大旺）*Astragalus laxmannii* Jacq. 种子入药。

草木樨状黄耆 *Astragalus melilotoides* Pall. 全草入药。

糙叶黄耆 *Astragalus scaberrimus* Bge. 根入药。

蒙古黄耆 *Astragalus mongholicus* Bge. 根入药。

背扁膨果豆 *Phyllolobium chinense* Fisch. 种子入药。

杭子梢 *Campylotropis macrocarpa*（Bge.）Rehd. 根入药。

树锦鸡儿 *Caragana arborescens* Lam. 全株入药。

红花锦鸡儿 *Caragana rosea* Turcz. ex Maxim. 根入药。

皂荚 *Gleditsia sinensis* Lam. 皂刺入药。

野大豆 *Glycine soja* Sieb. et Zucc. 全草及根入药。

甘草 *Glycyrrhiza uralensis* Fisch. 根入药。

少花米口袋 *Gueldenstaedtia verna*（Georg.）Boriss. 全草及根入药。

长柄山蚂蝗 *Hylodesmum podocarpum*（DC.）H. Ohashi et R. R. Mill 根入药

河北木蓝（铁扫帚）*Indigofera bungeana* Walp. 全株入药。

多花木蓝 *Indigofera amblyantha* Craib 根入药。

长萼鸡眼草（掐不齐）*Kummerowia stipulacea*（Maxim.）Makino 全草入药。

鸡眼草（掐不齐）*Kummerowia striata*（Thunb.）Schindl. 全草入药。

大山黧豆 *Lathyrus davidii* Hance 种子入药。

山黧豆 *Lathyrus quinquenervius*（Miq.）Litv.　全草及花、种子入药。

胡枝子 *Lespedeza bicolor* Turcz.　全株入药。

兴安胡枝子 *Lespedeza davurica*（Laxm.）Schindl.　全株入药。

截叶铁扫帚 *Lespedeza cuneata*（Dum.-Cours.）G.Don　全株入药。

多花胡枝子 *Lespedeza floribunda* Bge.　根入药。

阴山胡枝子（白指甲花）*Lespedeza inschanica*（Maxim.）Schindl.　全株入药。

绒毛胡枝子（山豆花）*Lespedeza tomentosa*（Thunb.）Sieb. ex Maxim.　根入药。

美丽胡枝子 *Lespedeza thunbergii* subsp. *formosa*（Vogel）H.Ohashi　根入药。

天蓝苜蓿 *Medicago lupulina* Linn.　全草入药。

花苜蓿（扁蓿豆）*Medicago ruthenica*（Linn.）Trautv.　全草及种子入药。

草木樨 *Melilotus officinalis*（Linn.）Lam.　全草入药。

多叶棘豆（狐尾藻棘豆）*Oxytropis myriophylla*（Pall.）DC.　全草入药。

葛藤 *Pueraria montana*（Lour.）Merr.　根入药。

刺槐 *Robinia pseudoacacia* Linn.　花入药。

苦豆子 *Sophora alopecuroides* Linn.　全草入药。

苦参 *Sophora flavescens* Ait.　根入药。

槐（国槐）*Sophora japonica* Linn.　根、枝、叶、果实入药。

披针叶黄花 *Thermopsis lanceolata* R.Br.　全草入药。

山野豌豆 *Vicia amoena* Fisch.　嫩茎、叶入药。

歪头菜 *Vicia unijuga* A.Br.　嫩叶及根入药。

紫藤 *Wisteria sinensis*（Sims）Sweet.　茎、叶入药。

酢浆草 *Oxalis corniculata* Linn.　全草入药。

牻牛儿苗（太阳花）*Erodium stephanianum* Willd.　全草入药。

宿根亚麻 *Linum perenne* Linn.　全草入药。

野亚麻 *Linum stelleroides* Planch.　全草入药。

蒺藜 *Tribulus terrestris* Linn.　果实入药。

黄檗 *Phellodendron amurense* Rupr.　树皮、种子入药。

臭檀吴萸（臭檀）*Tetradium daniellii*（Benn.）Hartl.　果实入药。

花椒 *Zanthoxylum bungeanum* Maxim.　根、叶、果入药。

臭椿 *Ailanthus altissima*（Mill.）Swing.　树皮、叶、翅果、内皮入药。

苦树 *Picrasma quassioides*（D.Don）Benn.　树皮、根皮、干燥枝及叶入药。

香椿 *Toona sinensis*（A.Juss.）Roem.　树皮、根皮、果实、叶、树汁可入药。

西伯利亚远志 *Polygala sibirica* Linn.　根入药。

远志 *Polygala tenuifolia* Willd.　根入药。

铁苋菜 *Acalypha australis* Linn.　全草入药。

乳浆大戟 *Euphorbia esula* Linn.　根入药。

泽漆 *Euphorbia helioscopia* Linn.　全草入药。

地锦 *Euphorbia humifusa* Willd.　全草入药。

甘遂 *Euphorbia kansui* T.N.Liou ex S.B.Ho　块根入药。

大戟 *Euphorbia pekinensis* Rupr.　根入药。

一叶萩（叶底珠）*Flueggea suffruticosa*（Pall.）Baill.　嫩叶及根入药。

地构叶 *Speranskia tuberculata*（Bge.）Baill.　全草入药。

黄连木 *Pistacia chinensis* Bge.　　叶芽入药。

青麸杨 *Rhus potaninii* Maxim.　　虫瘿、树根、根皮可入药。

漆树 *Toxicodendron vernicifluum*（Stok.）Barkl.　　树脂、根、树皮、心材、叶均可入药。

苦皮藤 *Celastrus angulatus* Maxim.

南蛇藤 *Celastrus orbiculatus* Thunb.　藤茎入药。

短梗南蛇藤 *Celastrus rosthornianus* Loes.　　根入药。

卫矛 *Euonymus alatus*（Thunb.）Sieb.　枝及翅状附属物入药。

白杜（丝棉木、华北卫矛）*Euonymus maackii* Rupr.　　枝皮入药。

栓翅卫矛 *Euonymus phellomanus* Loes.　　枝皮入药。

五角枫 *Acer pictum* subsp. *mono*（Maxim.）H. Ohashi　　果实、根皮入药。

元宝枫 *Acer truncatum* Bge.　果实、根皮入药。

栾树 *Koelreuteria paniculata* Laxm.　花、根皮入药。

文冠果 *Xanthoceras sorbifolium* Bge.　　枝叶入药。

水金凤 *Impatiens noli-tangere* Linn.　　全草入药。

泡花树 *Meliosma cuneifolia* Franch.　　根皮入药。

北枳椇（拐枣）*Hovenia dulcis* Thunb.　　果实入药。

小叶鼠李 *Rhamnus parvifolia* Bge.　果实入药。

冻绿 *Rhamnus utilis* Decne.　　根、树皮入药。

酸枣 *Zizyphus jujuba* var. *spinosa*（Bge.）Hu ex H. F. Chow　果实入药。

乌头叶蛇葡萄 *Ampelopsis aconitifolia* Bge.　根入药。

蓝果蛇葡萄 *Ampelopsis bodinieri*（Levl. et Vant.）Rehd.　　根入药。

葎叶蛇葡萄 *Ampelopsis humulifolia* Bge.　根皮入药。

变叶葡萄（复叶葡萄）*Vitis piasezkii* Maxim.　幼枝汁液入药。

毛葡萄 *Vitis heyneana* Roem. et Schult.　　根皮入药。

苘麻 *Abutilon theophrasti* Med.　　全草、种子入药。

野西瓜苗 *Hibiscus trionum* Linn.　　全草及根入药。

圆叶锦葵（野锦葵）*Malva pusilla* Smith　茎、叶入药。

野葵 *Malva verticillata* Linn.　　茎、叶入药。

软枣猕猴桃 *Actinidia arguta*（Sieb. et Zucc.）Planch. ex Miq.　　根、叶、果实入药。

黄海棠 *Hypericum ascyron* Linn.　　全草入药。

鸡腿堇菜 *Viola acuminata* Ledeb.　　叶入药。

斑叶堇菜 *Viola variegata* Fisch. ex Link　　全草入药。

草瑞香 *Diarthron linifolium* Turcz.　　根皮、茎皮入药。

河朔荛花（羊厌厌）*Wikstroemia chamaedaphne*（Bge.）Meisn.　　花蕾入药。

牛奶子 *Elaeagnus umbellata* Thunb.　根、叶、果实入药。

中国沙棘 *Hippophae rhamnoides* subsp. *sinensis* Rousi　果实入药。

八角枫 *Alangium chinense*（Lour.）Harms　　根、叶入药。

柳兰 *Chamerion angustifolium*（Linn.）Holub　　全草入药。

柳叶菜 *Epilobium hirsutum* Linn.　　全草及根入药。

沼生柳叶菜 *Epilobium palustre* Linn.　全草入药。

短柄五加 *Eleutherococcus brachypus*（Harms）Nakai　　根皮入药。

红毛五加 *Eleutherococcus giraldii*（Harms）Nakai　　根皮入药。

倒卵叶五加 *Acanthopanax obovatus* Hoo　　根皮入药。

楤木 *Aralia chinensis* Linn. 根、茎枝、嫩叶、树皮韧皮部均可入药。

刺楸 *Kalopanax septemlobus* (Thunb.) Koidz. 树皮、枝入药。

白芷 *Angelica dahurica* (Fisch. ex Hoffm.) Benth. et Hook. f. ex Franch. et Sav. 根入药。

秦岭当归 *Angelica tsinlingensis* K. T. Fu 根入药。

峨参 *Anthriscus sylvestris* (Linn.) Hoffm. 根入药。

北柴胡 *Bupleurum chinense* DC. 根入药。

红柴胡（狭叶柴胡）*Bupleurum scorzonerifolium* Willd. 根入药。

银州柴胡 *Bupleurum yinchowense* R. H. Shan et Y. Li 根入药。

田葛缕子 *Carum buriaticum* Turcz. 果实芳香油可药用。

毒芹 *Cicuta virosa* Linn. 根状茎入药。

蛇床（山胡萝卜）*Cnidium monnieri* (Linn.) Cuss. 果实入药。

鸭儿芹 *Cryptotaenia japonica* Hassk. 全草入药。

野胡萝卜 *Daucus corota* Linn. 全草入药。

水芹 *Oenanthe javanica* (Bl.) DC. 全草入药。

大齿山芹（大齿当归）*Ostericum grosseserratum* (Maxim.) Kitag. 根入药。

前胡 *Peucedanum praeruptorum* Dunn. 根入药。

防风 *Saposhnikovia divaricata* (Turcz.) Schischk. 根入药。

迷果芹 *Sphallerocarpus gracilis* (Bess. ex Trev.) Koso-Poljansky 根及根茎入药。

小窃衣 *Torilis japonica* (Houtt.) DC. 果实入药。

四照花 *Cornus kousa* subsp. *chinensis* (Osborn) Q. Y. Xiang 果实入药。

点地梅 *Androsace umbellata* (Lour.) Merr. 全草及果实入药。

虎尾草（狼尾花）*Lysimachia barystachys* Bge. 全草入药。

胭脂花 *Primula maximowiczii* Regel 根入药。

二色补血草 *Limonium bicolor* (Bge.) Kuntze 带根全草入药。

君迁子 *Diospyros lotus* Linn. 果实入药。

白蜡树 *Fraxinus chinensis* Roxb. 枝皮、树皮入药。

花曲柳 *Fraxinus chinensis* Roxb. subsp. *rhynchophylla* (Hance) Murr. 枝皮、树皮入药

宿柱梣 *Fraxinus stylosa* Lingelsh. 枝皮、树皮入药。

迎春花 *Jasminum nudiflorum* Lindl. 花入药。

连翘 *Forsythia suspensa* (Thunb.) Vahl 根、茎叶、果实入药。

紫丁香（华北紫丁香）*Syringa oblata* Lindl. 树皮入药。

互叶醉鱼草 *Buddleja alternifolia* Maxim. 根入药。

百金花 *Centaurium pulchellum* var. *altaicum* (Griseb.) Kitag. et Hara. 全草入药。

达乌里秦艽 *Gentiana dahurica* Fisch. 根入药。

秦艽 *Gentiana macrophylla* Pall. 根入药。

鳞叶龙胆 *Gentiana squarrosa* Ledeb. 全草入药。

扁蕾 *Gentianopsis barbata* (Froel.) Ma 全草入药。

湿生扁蕾 *Gentianopsis paludosa* (Munro ex Hook. f.) Ma 全草入药。

椭圆叶花锚 *Halenia elliptica* D. Don 根入药。

獐牙菜 *Swertia bimaculata* (Sieb. et Zucc.) Hook. f. et Thoms. 全草入药。

北方獐牙菜 *Swertia diluta* (Turcz.) Benth. et Hook. f. 全草入药。

荇菜 *Nymphoides peltata* (S. G. Gmelin) Ktze. 全草入药。

罗布麻 *Apocynum venetum* Linn. 全草入药。

牛皮消 *Cynanchum auriculatum* Royle ex Wight　全草及块根入药。

白首乌 *Cynanchum bungei* Decne.　块根入药，为滋补珍品。

鹅绒藤 *Cynanchum chinense* R. Br.　根及乳汁入中药。

华北白前 *Cynanchum mongolicum*（Maxim.）Hemsl.　全草入药。

竹灵消 *Cynanchum inamoenum*（Maxim.）Loes.　茎及须根入药。

地梢瓜 *Cynanchum thesioides*（Freyn）K. Schum.　全草、果实入药。

萝藦 *Metaplexis japonica*（Thunb.）Makino　全草及根入药。

杠柳 *Periploca sepium* Bge.　根皮入药。

打碗花 *Calystegia hederacea* Wall. ex Roxb.　根入药。

篱打碗花 *Calystegia sepium*（Linn.）R. Br.　花入药。

田旋花 *Convolvulus arvensis* Linn.　全草（带花）入药。

北鱼黄草（西伯利亚鱼黄草）*Merremia sibirica*（Linn.）H. Hall　种子入药。

菟丝子 *Cuscuta chinensis* Lam.　种子入药。

斑种草 *Bothriospermum chinense* Bge.　全草入药。

鹤虱 *Lappula myosotis* V. Wolf.　果实入药。

田紫草 *Lithospermum arvense* Linn.　全草入药。

狼紫草 *Lycopsis orientalis* Linn.　叶入药。

聚合草 *Symphytum officinale* Linn.　全草及根茎入药。

附地菜 *Trigonotis peduncularis*（Trev.）Benth. ex Bak. et Moor.　全草入药。

光果莸 *Caryopteris tangutica* Maxim.　根入药。

海州常山 *Clerodendrum trichotomum* Thunb.　嫩枝、花、果实、根均可入药。

马鞭草 *Verbena officinalis* Linn.　全草入药。

荆条 *Vitex negundo* var. *heterophylla*（Franch.）Rehd.　全株入药。

藿香 *Agastache rugosa*（Fisch. et Mey.）Ktze.　全草入药。

筋骨草 *Ajuga ciliata* Bge.　全草入药。

水棘针 *Amethystea caerulea* Linn.　全草入药。

香青兰 *Dracocephalum moldavica* Linn.　全草入药。

香薷 *Elsholtzia ciliata*（Thunb.）Hyland　全草入药。

活血丹（连钱草）*Glechoma longituba*（Nakai）Kupr.　全草入药。

溪黄草 *Isodon serra*（Maxim.）Kudo　全草入药。

显脉香茶菜 *Isodon nervosus*（Hemsley）Kudo　茎叶入药。

夏至草 *Lagopsis supina*（Steph.）IK. - Gal. ex Knorr.　全草入药。

野芝麻 *Lamium barbatum* Sieb. et Zucc.　全草入药。

益母草 *Leonurus japonicus* Houtt.　全草入药。

錾菜 *Leonurus pseudomacranthus* Kitagawa　全草入药。

地笋 *Lycopus lucidus* Turcz. ex Benth.　全草及根入药。

薄荷 *Mentha haplocalyx* Briq.　全草入药。

荆芥 *Nepeta cataria* Linn.　全草入药。

裂叶荆芥 *Nepeta tenuifolia* Benth.　全草入药。

糙苏 *Phlomis umbrosa* Turcz.　全草及根入药。

夏枯草 *Prunella vulgaris* Linn.　全草、带花的果穗入药。

丹参 *Salvia miltiorrhiza* Bge.　根及根茎入药。

荔枝草 *Salvia plebeia* R. Br.　全草入药。

黄芩 *Scutellaria baicalensis* Georgi 根入药。

半枝莲 *Scutellaria barbata* D. Don 全草入药。

甘露子 *Stachys sieboldii* Miq. 全草、根入药。

曼陀罗 *Datura stramonium* Linn. 叶、花或全草入药。

天仙子 *Hyoscyamus niger* Linn. 种子入药。

枸杞 *Lycium chinense* Mill. 果实、根皮入药。

挂金灯 *Physalis alkekengi* var. *franchetii*（Mast.）Makino 果实入药。

白英 *Solanum lyratum* Thunb. 全草入药。

龙葵 *Solanum nigrum* Linn. 全草入药。

青杞 *Solanum septemlobum* Bge. 全草或果实入药。

柳穿鱼 *Linaria vulgaris* subsp. *chinensis*（Bge. ex Debeaux）D. Y. Hong 全草入药。

通泉草 *Mazus pumilus*（Burm.）Steen. 全草入药。

山罗花 *Melampyrum roseum* Maxim. 全草入药。

藓生马先蒿 *Pedicularis muscicola* Maxim. 根入药。

返顾马先蒿 *Pedicularis resupinata* Linn. 根、茎、叶入药。

松蒿 *Phtheirospermum japonicum*（Thunb.）Kanitz 全草入药。

水蔓菁 *Pseudolysimachion linariifolium* subsp. *dilatatum*（Nakai et Kitag.）D. Y. Hong 全草入药。

阴行草 *Siphonostegia chinensis* Benth. 全草入药。

地黄 *Rehmannia glutinosa*（Gaertn.）Libosch. ex Fisch. et Mey. 根状茎、花、种子入药。

北水苦荬 *Veronica anagallis-aquatica* Linn. 全草入药。

阿拉伯婆婆纳 *Veronica persica* Poir. 全草入药。

婆婆纳 *Veronica polita* Fries 全草入药。

水苦荬 *Veronica undulata* Wall. 全草入药。

玄参 *Scrophularia ningpoensis* Hemsl. 根入药。

灰楸 *Catalpa fargesii* Bureau 果实入药。

角蒿 *Incarvillea sinensis* Lam. 根、花、种子入药。

旋蒴苣苔 *Boea hygrometrica*（Bge.）R. Br. 全草入药。

列当 *Orobanche coerulescens* Steph. 全草入药。

车前 *Plantago asiatica* Linn. 全草入药。

平车前 *Plantago depressa* Willd. 全草入药。

大车前 *Plantago major* Linn. 全草入药。

四叶葎 *Galum bungei* Steud. 全草入药。

茜草 *Rubia cordifolia* Linn. 全草入药。

披针叶茜草 *Rubia lanceolata* Hayata 去皮的根及叶汁可入药。

金钱草 *Rubia membranacea* Diels 根入药。

忍冬 *Lonicera japonica* Thunb. 茎叶、花入药。

盘叶忍冬 *Lonicera tragophylla* Hemsl. 花蕾、带叶的嫩枝可入药。

接骨木 *Sambucus williamsii* Hance 叶、茎枝、根皮入药。

接骨草 *Sambucus javanica* Bl. 根、茎、叶入药。

鸡树条（天目琼花）*Viburnum opulus* subsp. *calvescens*（Rehd.）Sug. 枝、叶、果入药。

六道木 *Zabelia biflora*（Turcz.）Makino 果实入药。

异叶败酱 *Patrinia heterophylla* Bge. 根及全草入药。

糙叶败酱 *Patrinia scabra* Bge. 根及全草入药。

缬草 *Valeriana officinalis* Linn. 根、全草入药。
日本续断 *Dipsacus japonicus* Miq. 根入药。
蓝盆花 *Scabiosa comosa* Fisch. ex Roem. et Schult. 花或花序入药。
泡沙参（灯笼花）*Adenophora potaninii* Korsh. 根可药用。
紫斑风铃草 *Campanula punctata* Lam. 全草入药。
党参 *Codonopsis pilosula*（Franch.）Nannf. 根入药。
桔梗（铃铛花）*Platycodon grandiflorus*（Jacq.）A. DC. 根入药。
云南蓍 *Achillea wilsoniana*（Heim. ex Hand.－Mazz.）Heim. 全草入药。
珠光香青 *Anaphalis margaritacea*（L.）Benth. et Hook. f. 全草入药。
牛蒡 *Arctium lappa* Linn. 全草入药。
黄花蒿 *Artemisia annua* Linn. 全草入药。
艾 *Artemisia argyi* Lévl. et Vant. 叶入药。
青蒿 *Artemisia apiacea* Hance 全草入药。
茵陈蒿 *Artemisia capillaris* Thunb. 全草入药。
南牡蒿 *Artemisia eriopoda* Bge. 叶入药。
无毛牛尾蒿 *Artemisia dubia* var. *subdigitata*（Mattf.）Y. R. Ling 叶入药。
猪毛蒿 *Artemisia scoparia* Waldst. et Kir. 全草入药。
北艾 *Artemisia vulgaris* Linn. 叶入药。
紫菀 *Aster tataricus* L. f. 根入药。
苍术 *Atractylodes lancea*（Thunb.）DC. 全草入药。
小花鬼针草 *Bidens parviflora* Willd. 全草入药。
鬼针草 *Bidens pilosa* Linn. 全草入药。
狼杷草 *Bidens tripartita* Linn. 全草入药。
丝毛飞廉 *Carduus crispus* Linn. 全草入药。
烟管头草 *Carpesium cernuum* Linn. 全草入药。
大花金挖耳 *Carpesium macrocephalum* Franch. et Sav. 全草入药。
刺儿菜 *Cirsium arvense* var. *integrifolium* Wimm. et Grab. 全草入药。
野菊 *Dendranthema indicum*（Linn.）Des Moul. 全草入药。
鳢肠 *Eclipta prostrata*（Linn.）Linn. 全草入药。
一年蓬 *Erigeron annuus*（Linn.）Pers. 全草入药。
小蓬草 *Erigeron canadensis* Linn. 全草入药。
佩兰 *Eupatorium fortunei* Turcz. 全草入药。
旋覆花 *Inula japonica* Thunb. 全草、花序入药。
中华小苦荬（山苦荬）*Ixeris chinensis*（Thunb.）kit. 全草入药。
翅果菊（山莴苣）*Lactuca indica* Linn. 根入药。
大丁草 *Leibnitzia anandria*（Linn.）Nakai 全草入药。
小头薄雪火绒草 *Leontopodium japonicum* var. *microcephalum* Hand.－Mazz. 全草入药。
漏芦（祁州漏芦）*Rhaponiticum uniflorum*（Linn.）DC. 干燥根入药。
华北鸦葱（笔管草）*Scorzonera albicaulis* Bge. 根入药。
腺梗豨莶 *Sigesbeckia pubescens*（Makino）Makino 全草入药。
苦苣菜 *Sonchus oleraceus* Linn. 全草入药。
蒙古蒲公英 *Taraxacum mongolicum* Hand.－Mazz. 全草入药。
华蒲公英 *Taraxacum sinicum* Kitag. 全草入药。

款冬 *Tussilago farfara* Linn. 干燥未开放的花序、叶入药。

苍耳 *Xanthium strumarium* Linn. 全草、根及果实入药。

水烛 *Typha angustifolia* Linn. 花序、果穗及花粉即蒲黄入药。

东方香蒲 *Typha orientalis* Presl. 花粉即蒲黄入药。

黑三棱 *Sparganium stoloniferum*（Buch.-Ham. ex Graebn.）Buch.-Ham. ex Juz. 块茎入药。

水麦冬 *Triglochin palustris* Linn. 全草入药。

东方泽泻 *Alisma orientale*（Samuel.）Juz. 块茎入药。

茅香 *Anthoxanthum nitens*（Web.）Y. Schout. et Veldk. 根状茎入药。

狗牙根 *Cynodon dactylon*（Linn.）Pers. 全草入药。

牛筋草（蟋蟀草）*Eleusine indica*（Linn.）Gaertn. 全草入药。

大画眉草 *Eragrostis cilianensis*（All.）Vignolo-Lutati ex Janch. 全草、花入药。

知风草 *Eragrostis ferruginea*（Thunb.）P. Beauv. 全草、花入药。

小画眉草 *Eragrostis minor* Host 全草、花入药。

画眉草 *Eragrostis pilosa*（Linn.）Beauv. 全草入药。

白茅 *Imperata cylindrica*（Linn.）Raeusch. 根状茎、叶、花序入药。

臭草 *Melica scabrosa* Trin. 全草入药。

狼尾草 *Pennisetum alopecuroides*（Linn.）Spreng. 全草入药。

芦苇 *Phragmites australis*（Can.）Trin. ex Steud. 根状茎入药。

狗尾草 *Setaria viridis*（Linn.）Beauv. 全草入药。

香附子 *Cyperus rotundus* Linn. 根状茎入药。

水葱 *Schoenoplectus tabernaemontani*（C. C. Gmel.）Pall. 全草入药。

黑藻 *Hydrilla verticillata*（Linn. f.）Royle 全草入药。

菖蒲（白菖蒲）*Acorus calamus* Linn. 根茎入药。

一把伞南星 *Arisaema erubescens*（Wall.）Schott 块茎入药。

半夏 *Pinellia ternata*（Thunb.）Breit. 块茎入药。

虎掌 *Pinellia pedatisecta* Schott 块茎入药。

独角莲 *Sauromatum giganteum*（Engl.）Cusim. et Hettersch. 块茎入药。

鸭跖草 *Commelina communis* Linn. 茎叶入药。

鸭舌草 *Monochoria vaginalis*（N. L. Burman）C. Presl ex Kunth 全草入药。

野葱（黄花韭）*Allium chrysanthum* Regel 全草入药。

天蓝韭 *Allium cyaneum* Regel 全草入药。

薤白 *Allium macrostemon* Bge. 干燥鳞茎和叶均可入药。

细叶韭 *Allium tenuissimum* Linn. 全草入药。

茖葱（茖韭）*Allium victorialis* Linn. 鳞茎入药，叶和种子也可药用。

知母 *Anemarrhena asphodeloides* Bge. 根状茎入药。

羊齿天门冬 *Asparagus filicinus* D. Don 块根入药。

天门冬 *Asparagus cochinchinensis*（Lour.）Merr. 块根入药。

小黄花菜（红萱）*Hemerocallis minor* Mill. 根、嫩苗和花蕾均可入药。

沿阶草 *Ophiopogon bodinieri* 块根入药。

北重楼 *Paris verticillata* Rieb. 根状茎入药。

卷叶黄精 *Polygonatum cirrhifolium*（Wall.）Royle 根状茎入药。

玉竹 *Polygonatum odoratum*（Mill.）Druce. 根状茎入药。

二苞黄精 *Polygonatum involucratum*（Franch. et Sav.）Maxim. 根状茎入药。

黄精 *Polygonatum sibiricum* Redoute 根状茎入药。

湖北黄精 *Polygonatum zanlanscianense* Pamp. 根状茎入药。

鹿药 *Smilacina japonica* A. Gray 根状茎入药。

鞘柄菝葜 *Smilax stans* Maxim. 根状茎入药。

藜芦 *Veratrum nigrum* Linn. 根和根状茎入药。

穿龙薯蓣 *Dioscorea nipponica* Makino 根状茎入药。

薯蓣 *Dioscorea polystachya* Turcz. 根状茎、藤和珠芽入药。

射干 *Belamcanda chinensis*（Linn.）Redoute 根状茎入药。

马蔺 *Iris lactea* var. *chinensis*（Fisch.）Koidz. 花和种子入药。

细叶鸢尾 *Iris tenuifolia* Pall. 根状茎入药。

角盘兰 *Herminium monorchis*（Linn.）R. Br. 全草入药。

羊耳蒜 *Liparis campylostalix* Reich. 带根全草入药。

火烧兰 *Epipactis helleborine*（Linn.）Crantz 根入药。

绶草 *Spiranthes sinensis*（Pers.）Ames 带根全草入药

6.2　芳香植物

陕西延安黄龙山褐马鸡国家级自然保护区芳香植物有 86 种,具体如下:

华山松 *Pinus armandii* Franch.（引载）

油松 *Pinus tabuliformis* Carr.

白皮松 *Pinus bungeana* Zucc. et Endl.

刺柏 *Juniperus formosana* Hayata

侧柏 *Platycladus orientalis*（Linn.）Planch.

银线草 *Chloranthus japonicus* Sieb.

五味子(北五味子)*Schisandra chinensis*（Turcz.）Baill.

木姜子 *Litsea pungens* Hemsl

菊叶香藜 *Dysphania schraderiana*（Roem. et Schult.）Mosyakin et Clemants

香蓼 *Polygonum viscosum* Buch.-Ham. ex D. Don

商陆 *Phytolacca acinosa* Roxb.

马齿苋 *Portulaca oleracea* Linn.

石竹 *Dianthus chinensis* Linn.

瞿麦 *Dianthus superbus* Linn.

黄蔷薇 *Rosa hugonis* Hemsl.

紫穗槐 *Amorpha fruticosa* Linn.

草木樨 *Melilotus officinalis*（Linn.）Lam.

白花草木樨 *Melilotus albus* Med.

葛藤 *Pueraria montana*（Lour.）Merr.

刺槐 *Robinia pseudoacacia* Linn.

苦参 *Sophora flavescens* Ait.

槐(国槐)*Sophora japonica* Linn.

紫藤 *Wisteria sinensis*（Sims）Sweet.

牻牛儿苗(太阳花)*Erodium stephanianum* Willd.

老鹳草 *Geranium wilfordii* Maxim.

宿根亚麻 *Linum perenne* Linn.
臭檀吴萸 *Tetradium daniellii*（Benn.）Hartl.
花椒 *Zanthoxylum bungeanum* Maxim.
香椿 *Toona sinensis*（A. Juss.）Roem.
远志 *Polygala tenuifolia* Willd.
大戟 *Euphorbia pekinensis* Rupr.
牛奶子 *Elaeagnus umbellata* Thunb.
白芷 *Angelica dahurica*（Fisch. ex Hoffm.）Benth. et Hook. f. ex Franch. et Sav.
北柴胡（竹叶柴胡）*Bupleurum chinense* DC.
田葛缕子 *Carum buriaticum* Turcz.
蛇床（山胡萝卜）*Cnidium monnieri*（Linn.）Cuss.
鸭儿芹（鸭脚板）*Cryptotaenia japonica* Hasskarl
野胡萝卜 *Daucus carota* Linn.
水芹 *Oenanthe javanica*（Bl.）DC.
大齿山芹（大齿当归）*Ostericum grosseserratum*（Maxim.）Kitag.
前胡 *Peucedanum praeruptorum* Dunn
小窃衣（破子草）*Torilis japonica*（Houtt.）DC.
紫丁香 *Syringa oblata* Lindl.
巧玲花（毛丁香）*Syringa pubescens* Turcz.
小叶巧玲花 *Syringa pubescens* subsp. *microphylla*（Diels）M. C. Chang et X. L. Chen
北京丁香 *Syringa reticulata* subsp. *pekinensis*（Rupr.）P. S. Green et M. C. Chang
藿香 *Agastache rugosa*（Fisch. et Mey.）O. Ktze.
水棘针 *Amethystea caerulea* Linn.
香薷 *Elsholtzia ciliata*（Thunb.）Hyland.
木香薷 *Elsholtzia stauntoni* Benth.
香青兰 *Dracocephalum moldavica* Linn.
活血丹 *Glechoma longituba*（Nakai）Kupr.
拟缺香茶菜 *Isodon excisoides*（Sun ex C. H. Hu）H. Hara
显脉香茶菜 *Isodon nervosus*（Hemsl.）Kudo
溪黄草 *Isodon serra*（Maxim.）Kudo
野芝麻 *Lamium barbatum* Sieb. et Zucc.
益母草 *Leonurus japonicus* Houtt.
薄荷 *Mentha canadensis* Linn.
荆芥 *Nepeta cataria* Linn.
裂叶荆芥 *Nepeta tenuifolia* Benth.
夏枯草 *Prunella vulgaris* Linn.
黄芩 *Scutellaria baicalensis* Georgi
异叶败酱 *Patrinia heterophylla* Bge.
糙叶败酱 *Patrinia scabra* Bge.
缬草 *Valeriana officinalis* Linn.
党参 *Codonopsis pilosula*（Franch.）Nannf.
桔梗（铃铛花）*Platycodon grandiflorus*（Jacq.）A. DC.
黄花蒿 *Artemisia annua* Linn.

艾 *Artemisia argyi* Lévl. et Vant.

茵陈蒿 *Artemisia capillaris* Thunb.

无毛牛尾蒿 *Artemisia dubia* var. *subdigitata* (Mattf.) Y. R. Ling

华北米蒿（荄蒿）*Artemisia giraldii* Pamp.

细裂叶莲蒿（铁杆蒿、万年蒿）*Artemisia gmelinii* Web.

牡蒿 *Artemisia japonica* Thunb.

野艾蒿 *Artemisia lavandulifolia* DC.

蒙古蒿 *Artemisia mongolica* (Fisch. ex Bess.) Nakai

魁蒿 *Artemisia princeps* Pamp.

红足蒿 *Artemisia rubripes* Nakai

小花鬼针草 *Bidens parviflora* Willd.

大花金挖耳 *Carpesium macrocephalum* Franch. et Sav.

野菊 *Chrysanthemum indicum* Linn.

甘菊 *Chrysanthemum lavandulifolium* (Fisch. ex Trautv.) Makino

白头婆（泽兰）*Eupatorium japonicum* Thunb.

茅香 *Anthoxanthum nitens* (Web.) Y. Schout. et Veldk.

香附子 *Cyperus rotundus* Linn.

菖蒲（白菖蒲）*Acorus calamus* Linn.

6.3　油脂植物

陕西延安黄龙山褐马鸡国家级自然保护区油脂植物有42种，具体如下：

华山松 *Pinus armandii* Franch.

油松 *Pinus tabuliformis* Carr.

白皮松 *Pinus bungeana* Zucc. et Endl.

侧柏　*Platycladus orientalis* (Linn.) Franco

刺柏 *Juniperus formosana* Hayata

核桃 *Juglans regia* Linn.

胡桃楸 *Juglans mandshurica* Maxim.

野核桃 *Juglans cathayensis* Dode

千金榆 *Carpinus cordata* Bl.

鹅耳枥　*Carpinus turczaninowii* Hance

榛 *Corylus heterophylla* Fisch. ex Trautv.

大叶朴 *Celtis koraiensis* Nakai

朴树 *Celtis sinensis* Pers.

刺榆 *Hemiptelea davidii* (Hance) Planch.

春榆 *Ulmus davidiana* var. *japonica* (Rehd.) Nakai

榆 *Ulmus pumila* Linn.

五味子（北五味子）*Schisandra chinensis* (Turcz.) Baill.

木姜子 *Litsea pungens* Hemsl

葶苈 *Draba nemorosa* Linn.

山桃 *Amygdalus davidiana* (Carr.) Fr.

陕甘山桃 *Amygdalus davidiana* var. *potaninii* (Batal.) T. T. Yu et L. T. Lu

甘肃桃 *Amygdalus kansuensis*（Rehd.）Skeels

山杏 *Armeniaca sibirica*（Linn.）Lam.

毛杏 *Armeniaca sibirica* var. *pubescens* Kost.

野杏 *Armeniaca vulgaris* var. *ansu*（Maxim.）Yü et Lu

槐 *Sophora japonica* Linn.

野大豆 *Glycine soja* Sieb. et Zucc.

花椒 *Zanthoxylum bungeanum* Maxim.

臭椿 *Ailanthus altissima*（Mill.）Swing.

黄连木 *Pistacia chinensis* Bge.

青麸杨 *Rhus potaninii* Maxim.

漆树 *Toxicodendron vernicifluum*（Stok.）Barkl.

膀胱果 *Staphylea holocarpa* Hemsl.

栾树 *Koelreuteria paniculata* Laxm.

五角枫 *Acer pictum* subsp. *mono*（Maxim.）Ohash.

青榨槭 *Acer davidii* Franch.

苦皮藤 *Celastrus angulatus* Maxim.

南蛇藤 *Celastrus orbiculatus* Thunb.

卫矛 *Euonymus alatus*（Thunb.）Sieb.

刺楸 *Kalopanax septemlobus*（Thunb.）Koidz.

毛梾 *Cornus walteri* Wanger.

连翘 *Forsythia suspensa*（Thunb.）Vahl

苍耳 *Xanthium strumarium* Linn.

6.4　糖类及淀粉植物

陕西延安黄龙山褐马鸡国家级自然保护区糖类及淀粉植物有50种，具体如下：

榛 *Corylus heterophylla* Fisch. ex Trautv.

鹅耳枥 *Carpinus turczaninowii* Hance

板栗 *Castanea mollissima* Bl.

麻栎 *Quercus acutissima* Carr.

槲栎 *Quercus aliena* Bl.

槲树 *Quercus dentata* Thunb.

栓皮栎 *Quercus variabilis* Bl.

辽东栎 *Quercus wutaishanica* Mayr

波叶大黄 *Rheum rhabarbarum* Linn.

山桃 *Amygdalus davidiana*（Carr.）Fr.

陕甘山桃 *Amygdalus davidiana* var. *potaninii*（Batal.）T. T. Yu et L. T. Lu

甘肃桃 *Amygdalus kansuensis*（Rehd.）Skeels

山杏 *Armeniaca sibirica*（Linn.）Lam.

毛杏 *Armeniaca sibirica* var. *pubescens* Kost.

野杏 *Armeniaca vulgaris* var. *ansu*（Maxim.）Yü et Lu

湖北山楂 *Crataegus hupehensis* Sarg.

甘肃山楂 *Crataegus kansuensis* Wils.

橘红山楂 *Crataegus aurantia* Pojark.
山楂 *Crataegus pinnatifida* Bge.
东方草莓 *Fragaria orientalis* Lozinsk.
野草莓 *Fragaria vesca* Linn.
山荆子 *Malus baccata*（Linn.）Borkh.
湖北海棠 *Malus hupehensis*（Pamp.）Rehd.
河南海棠 *Malus honanensis* Rehd.
陇东海棠 *Malus kansuensis*（Batal.）Schneid.
毛山荆子 *Malus manshurica*（Maxim.）Kom.
楸子（海棠果）*Malus prunifolia*（Willd.）Borkh.
花叶海棠 *Malus transitoria*（Batal.）Schneid.
杜梨 *Pyrus betulifolia* Bge.
木梨（野梨）*Pyrus xerophila* T. T. Yu
草木樨 *Melilotus officinalis*（L.）Lam.
葛藤 *Pueraria montana*（Lour.）Merr.
北枳椇（拐枣）*Hovenia dulcis* Thunb.
蓝果蛇葡萄 *Ampelopsis bodinieri*（Lévl. et Vant.）Rehd.
毛葡萄 *Vitis heyneana* Roem. & Schult.
变叶葡萄（复叶葡萄）*Vitis piasezkii* Maxim.
软枣猕猴桃 *Actinidia arguta*（Sieb. et Zucc.）Planch. ex Miq.
牛奶子 *Elaeagnus umbellata* Thunb.
君迁子 *Diospyros lotus* Linn.
六道木 *Zabelia biflora*（Turcz.）Makino
稗 *Echinochloa crusgalli*（L.）Beauv.
白茅 *Imperata cylindrica*（L.）Raeusch.
卷叶黄精 *Polygonatum cirrhifolium*（Wall.）Royle
二苞黄精 *Polygonatum involucratum*（Franch. et Sav.）Maxim.
玉竹 *Polygonatum odoratum*（Mill.）Druce
黄精 *Polygonatum sibiricum* Redoute
湖北黄精 *Polygonatum zanlanscianense* Pamp.
卷丹 *Lilium tigrinum* Ker‑Gawl.
穿龙薯蓣 *Dioscorea nipponica* Makino
薯蓣 *Dioscorea polystachya* Turcz.

6.5 野菜植物

陕西延安黄龙山褐马鸡国家级自然保护区野菜植物有32种，具体如下：
春榆 *Ulmus davidiana* var. *japonica*（Rehd.）Nakai
榆 *Ulmus pumila* Linn.
萹蓄 *Polygonum aviculare* Linn.
藜 *Chenopodium album* Linn.
地肤 *Kochia scoparia*（Linn.）Schrad.
反枝苋 *Amaranthus retroflexus* Linn.

商陆 *Phytolacca acinosa* Roxb.

荠 *Capsella bursa-pastoris* (Linn.) Medikus

菥蓂 *Thlaspi arvense* Linn.

委陵菜 *Potentilla chinensis* Ser.

翻白草 *Potentilla discolor* Bge.

葛藤 *Pueraria montana* (Lour.) Merr.

歪头菜 *Vicia unijuga* A. Br.

酢浆草 *Oxalis corniculata* Linn.

花椒 *Zanthoxylum bungeanum* Maxim.

香椿 *Toona sinensis* (A. Juss.) Roem.

楤木 *Aralia chinensis* Linn.

野胡萝卜 *Daucus carota* Linn.

水芹(野芹菜) *Oenanthe javanica* (Bl.) DC.

变豆菜 *Sanicula chinensis* Bge.

地笋 *Lycopus lucidus* Turcz. ex Benth.

龙葵 *Solanum nigrum* Linn.

泥胡菜 *Hemisteptia lyrata* (Bge.) Fisch. et C. A. Mey.

苣荬菜 *Sonchus wightianus* DC.

苦苣菜 *Sonchus oleraceus* Linn.

蒙古蒲公英(蒲公英) *Taraxacum mongolicum* Hand.-Mazz.

华蒲公英 *Taraxacum sinicum* Kitag.

鸭舌草 *Monochoria vaginalis* (N. L. Burman) C. Presl ex Kunth

野葱(黄花韭) *Allium chrysanthum* Regel

天蓝韭 *Allium cyaneum* Regel

细叶韭 *Allium tenuissimum* Linn.

小黄花菜(红萱) *Hemerocallis minor* Mill.

6.6 有毒植物

有毒植物一般指含有毒化学成分并能致使人类及其他生物中毒的植物,或指凡有中毒症状或实验证明有可能通过食入、接触或其他途径进入机体,造成人类、家畜及其他动物死亡或机体机能长期性或暂时性伤害的植物(陈冀胜等,1987)。陕西延安黄龙山褐马鸡国家级自然保护区有毒植物资源较丰富,有199种,其中石松类和蕨类植物有7种,种子植物有192种,具体如下:

6.6.1 石松类和蕨类植物

问荆 *Equisetum arvense* Linn. 全株(有毒部位,下同),甙类(有毒成分,下同)。

犬问荆 *Equisetum palustre* Linn. 全株,甙类。

节节草 *Equisetum ramosissimum* Desfont. 全株,甙类。

草问荆 *Equisetum pratense* Ehrhart 全株,甙类。

木贼 *Equisetum hyemale* Linn. 全株,甙类。

蕨 *Pteridium aquilinum* var. *latiusculum* (Desv.) Underw. ex Hell. 全株,甙类。

贯众 *Cyrtomium fortunei* J. Sm. 根茎,绵马酸类。

6.6.2 种子植物

白皮松 *Pinus bungeana* Zucc. et Endl. 枝叶，萜类。

油松 *Pinus tabuliformis* Carr. 枝叶，萜类。

侧柏 *Platycladus orientalis* (Linn.) Endl. 枝叶，萜类。

刺柏 *Juniperus formosana* Hayata 枝叶，萜类。

草麻黄 *Ephedra sinica* Stapf 全株，生物碱。

银线草 *Chloranthus japonicus* Sieb. 全株，甙类。

胡桃楸 *Juglans mandshurica* Maxim. 枝、叶、树皮，酚类及其衍生物。

野核桃 *Juglans cathayensis* Dode 枝、叶、树皮，甙类。

核桃 *Juglans regia* Linn. 枝、叶、树皮，甙类。

辽东栎 *Quercus wutaishanica* Mayr 根皮、树皮、壳斗，酚类及其衍生物。

麻叶荨麻 *Urtica cannabina* Linn. 刺毛，无机化合物和简单有机化合物。

宽叶荨麻 *Urtica laetevirens* Maxim. 刺毛，无机化合物和简单有机化合物。

北马兜铃 *Aristolochia contorta* Bge. 全株，种子毒大，生物碱。

苦荞 *Fagopyrum tataricum* (Linn.) Gaertn. 全株，光敏感物质。

水蓼 *Polygonum hydropiper* Linn. 全株，无机化合物和简单有机化合物。

马蓼（酸模叶蓼）*Polygonum lapathifolium* Linn. 全株，酚类及其衍生物。

红蓼 *Polygonum orientale* Linn. 全株，甙类。

杠板归 *Polygonum perfoliatum* Linn. 全株，甾体类、黄酮类。

酸模 *Rumex acetosa* Linn. 全株，无机化合物和简单有机化合物。

皱叶酸模 *Rumex crispus* Linn. 全株，无机化合物和简单有机化合物。

齿果酸模 *Rumex dentatus* Linn. 全株，无机化合物和简单有机化合物。

巴天酸模 *Rumex patientia* Linn. 全株，无机化合物和简单有机化合物。

蔓首乌 *Fallopia convolvulus* Linn. 全株，无机化合物和简单有机化合物。

藜 *Chenopodium album* Linn. 枝叶、果实，无机化合物和简单有机化合物。

反枝苋 *Amaranthus retroflexus* Linn. 全株，无机化合物和简单有机化合物。

商陆 *Phytolacca acinosa* Roxb. 红根有剧毒，生物碱。

无心菜 *Arenaria serpyllifolia* Linn. 全株，酚类及其衍生物。

石竹 *Dianthus chinensis* Linn. 全株，甙类。

瞿麦 *Dianthus superbus* Linn. 全株，甙类。

繁缕 *Stellaria media* (Linn.) Vill. 全株，甙类。

麦蓝菜（王不留行）*Vaccaria hispanica* (Mill.) Rausch. 全株，萜类。

芍药 *Paeonia lactiflora* Pall. 根，甙类。

牛扁 *Aconitum barbatum* var. *puberlum* Ledeb. 根，生物碱。

西伯利亚乌头 *Aconitum barbatum*. var. *hispidum* Ledeb. 根，生物碱。

乌头 *Aconitum carmichaelii* Debx. 根，生物碱。

松潘乌头 *Aconitum sungpanense* Hand.-Mazz. 根，生物碱。

类叶升麻 *Actaea asiatica* H. Hara 全株、果实毒性更强。

小花草玉梅 *Anemone rivularis* var. *flore-minore* Maxim. 全株，甙类。

耧斗菜 *Aquilegia viridiflora* Pall. 全株，酚类及其衍生物。

华北耧斗菜 *Aquilegia yabeana* Kitag. 全株，酚类及其衍生物。

升麻 *Cimicifuga foetida* Linn. 全株，无机化合物和简单有机化合物。

短尾铁线莲 *Clematis brevicaudata* DC. 全株,甙类。

灌木铁线莲 *Clematis fruticosa* Turcz. 全株,甙类。

粉绿铁线莲 *Clematis glauca* Willd. 全株,甙类。

大叶铁线莲 *Clematis heracleifolia* DC. 全株,甙类。

棉团铁线莲 *Clematis hexapetala* Pall. 根,甙类。

黄花铁线莲 *Clematis intricata* Bge. 全株,甙类。

秦岭铁线莲 *Clematis obscura* Maxim. 全株,甙类。

钝萼铁线莲 *Clematis peterae* Hand. - Mazz. 藤茎、根,甙类。

圆锥铁线莲(黄药子) *Clematis terniflora* DC. 叶,甙类。

翠雀 *Delphinium grandiflorum* Linn. 根,甙类。

腺毛翠雀 *Delphinium grandiflorum* var. *gilgianum* (Pilg. ex Gilg) Finet et Gagnep. 全株,甙类。

冀北翠雀花(细须翠雀花) *Delphinium siwanense* Franch 全株,甙类。

碱毛茛 *Halerpestes sarmentosa* (Adams) Kom. et Aliss. 全株,甙类。

白头翁 *Pulsatilla chinensis* (Bge.) Regel 根、茎叶,甙类。

茴茴蒜 *Ranunculus chinensis* Bge. 全株,甙类。

毛茛 *Ranunculus japonicus* Thunb. 全株,甙类。

石龙芮 *Ranunculus sceleratus* Linn. 全株,甙类。

贝加尔唐松草 *Thalictrum baicalense* Turcz. 根,生物碱。

东亚唐松草 *Thalictrum minus* var. *hypoleucum* (Sieb. et Zucc.) Miq. 根,生物碱。

短梗箭头唐松草 *Thalictrum simplex* var. *brevipes* H. Hara 根,生物碱。

瓣蕊唐松草 *Thalictrum petaloideum* Linn. 根,生物碱。

蝙蝠葛 *Menispermum dauricum* DC. 根皮、叶,生物碱。

五味子(北五味子) *Schisandra chinensis* (Turcz.) Baill. 酚类及其衍生物。

白屈菜 *Chelidonium majus* Linn. 全株有大毒,尤其种子,生物碱。

地丁草 *Corydalis bungeana* Maxim. 全株小毒,生物碱。

紫堇 *Corydalis edulis* Maxim. 全株,生物碱。

蛇果黄堇 *Corydalis ophiocarpa* Hook. f. et Thoms. 全株,生物碱。

角茴香 *Hypecoum erectum* Linn. 全株,生物碱。

播娘蒿 *Descurainia sophia* (Linn.) Webb. ex Prantl 全株,甙类。

小花糖芥 *Erysimum cheiranthoides* Linn. 全株,甙类。

独行菜 *Lepidium apetalum* Willd. 种子,甙类。

宽叶独行菜 *Lepidium latifolium* Linn. 种子,甙类。

瓦松 *Orostachys fimbriata* (Turcz.) Berger 全株,无机化合物和简单有机化合物。

落新妇(红升麻) *Astilbe chinensis* (Maxim.) Franch. et. Savat. 全株,生物碱。

扯根菜 *Penthorum chinense* Pursh 全株,甙类。

龙芽草 *Agrimonia pilosa* Ledeb. 全株,甙类。

山杏 *Armeniaca sibirica* (Linn.) Lam. 种子,甙类。

野杏 *Armeniaca vulgaris* var. *ansu* (Maxim.) Yü et Lu 种子,甙类。

蛇莓 *Duchesnea indica* (Andr.) Focka 种子,甙类。

地榆 *Sanguisorba officinalis* Linn. 根,甙类。

糙叶黄耆 *Astragalus scaberrimus* Bge. 根,生物碱。

蒙古黄耆 *Astragalus mongholicus* Bge. 根,生物碱。

杭子梢 *Campylotropis macrocarpa* (Bge.) Rehd. 根,苷类

山黧豆 *Lathyrus quinquenervius*（Miq.）Litv.　全株,非蛋白氨基酸。
草木樨 *Melilotus officinalis*（Linn.）Lam.　全株,酚类及其衍生物。
白花草木樨 *Melilotus albus* Med.　全株,酚类及其衍生物。
硬毛棘豆（毛棘豆）*Oxytropis hirta* Bge.　全株,生物碱。
多叶棘豆（狐尾藻棘豆）*Oxytropis myriophylla*（Pall.）DC.　全株,生物碱。
刺槐 *Robinia pseudoacacia* Linn.　枝、果
苦豆子 *Sophora alopecuroides* Linn.　全株,生物碱。
苦参 *Sophora flavescens* Ait.　枝、叶、果,生物碱。
槐（国槐）*Sophora japonica* Linn.　根、枝、叶、果,生物碱。
苦马豆（羊尿泡）*Sphaerophysa salsula*（Pall.）DC.　全株,生物碱。
披针叶黄花 *Thermopsis lanceolata* R. Br.　全株,生物碱。
酢浆草 *Oxalis corniculata* Linn.　全株,无机化合物和简单有机化合物。
蒺藜 *Tribulus terrestris* Linn.　根,甙类。
臭椿 *Ailanthus altissima*（Mill.）Swing.　树皮、叶,生物碱。
乳浆大戟 *Euphorbia esula* Linn.　根,萜类。
地锦 *Euphorbia humifusa* Willd.　全株,萜类。
大戟 *Euphorbia pekinensis* Rupr.　全株,根大毒,萜类。
一叶萩（叶底珠）*Flueggea suffruticosa*（Pall.）Baill.　叶,生物碱。
地构叶 *Speranskia tuberculata*（Bge.）Baill.　全株,甙类。
漆树 *Toxicodendron vernicifluum*（Stok.）Barkl.　根皮、果实,漆酸、酚类衍生物类。
南蛇藤 *Celastrus orbiculatus* Thunb.　全株大毒,甙类。
卫矛 *Euonymus alatus*（Thunb.）Sieb.　根、果实,萜类。
白杜（丝棉木、华北卫矛）*Euonymus maackii* Rupr.　根、果实,萜类。
水金凤 *Impatiens noli-tangere* Linn.　全株,甙类。
小叶鼠李 *Rhamnus parvifolia* Bge.　全株,酚类及其衍生物。
酸枣 *Zizyphus jujuba* var. *spinosa*（Bge.）Hu ex H. F. Chow　全株,酚类及其衍生物。
草瑞香 *Diarthron linifolium* Turcz.　根皮、茎皮,甙类。
柳兰 *Chamerion angustifolium*（Linn.）Holub　全株,酚类及其衍生物。
露珠草 *Circaea cordata* Royle　全株,酚类及其衍生物。
白芷 *Angelica dahurica*（Fisch. ex Hoffm.）Benth. et Hook. f. ex Franch. et Sav.　全株,酚类及其衍生物。
毒芹 *Cicuta virosa* Linn.　全株,酚类及其衍生物。
蛇床（山胡萝卜）*Cnidium monnieri*（Linn.）Cuss.　全株,酚类及其衍生物。
水芹 *Oenanthe javanica*（Bl.）DC.　全株,酚类及其衍生物。
互叶醉鱼草 *Buddleja alternifolia* Maxim.　根,甙类。
达乌里秦艽 *Gentiana dahurica* Fisch.　根,生物碱。
秦艽 *Gentiana macrophylla* Pall.　根,生物碱。
鳞叶龙胆 *Gentiana squarrosa* Ledeb.　全株,生物碱。
北方獐牙菜 *Swertia diluta*（Turcz.）Benth. et Hook. f.　全株,生物碱。
罗布麻 *Apocynum venetum* Linn.　全株,甙类。
华北白前 *Cynanchum mongolicum*（Maxim.）Hemsl.　全株,甙类。
萝藦 *Metaplexis japonica*（Thunb.）Makino　全株,甙类。
杠柳 *Periploca sepium* Bge.　根皮,甙类。

打碗花 *Calystegia hederacea* Wall. ex Roxb.　根,甙类。

藤长苗 *Calystegia pellita*（Ledeb.）G. Don.　根,甙类。

菟丝子 *Cuscuta chinensis* Lam.　种子,生物碱。

斑种草 *Bothriospermum chinense* Bge.　全株,酚类及其衍生物。

鹤虱 *Lappula myosotis* V. Wolf.　全株,酚类及其衍生物。

紫草 *Lithospermum erythrorhizon* Sieb. et Zucc.　全株,酚类及其衍生物。

夏至草 *Lagopsis supina*（Steph.）IK. - Gal. ex Knorr.　全株,酚类及其衍生物。

益母草 *Leonurus japonicus* Houtt.　全株,酚类及其衍生物。

薄荷 *Mentha haplocalyx* Briq.　全株,酚类及其衍生物。

夏枯草 *Prunella vulgaris* Linn.　全草、带花的果穗入药。

曼陀罗 *Datura stramonium* Linn.　全株,种子毒性大,生物碱。

天仙子 *Hyoscyamus niger* Linn.　全株,生物碱。

龙葵 *Solanum nigrum* Linn.　全株,生物碱。

青杞 *Solanum septemlobum* Bge.　全株,生物碱。

藓生马先蒿 *Pedicularis muscicola* Maxim.　全株,甙类。

返顾马先蒿 *Pedicularis resupinata* L.　全株,甙类。

地黄 *Rehmannia glutinosa*（Gaertn.）Libosch. ex Fisch. et Mey.　全株,生物碱。

角蒿 *Incarvillea sinensis* Lam.　根、花、种子,甙类。

车前 *Plantago asiatica* Linn.　全株,无机化合物和简单有机化合物。

茜草 *Rubia cordifolia* Linn.　全株,生物碱。

接骨木 *Sambucus williamsii* Hance　全株,萜类。

缬草 *Valeriana officinalis* Linn.　全株,甙类。

桔梗（铃铛花）*Platycodon grandiflorus*（Jacq.）A. DC.　根,甙类。

黄花蒿 *Artemisia annua* Linn.　全株,萜类。

艾 *Artemisia argyi* Lévl. et Vant.　叶,萜类。

苍术 *Atractylodes lancea*（Thunb.）DC.　全株,生物碱。

小花鬼针草 *Bidens parviflora* Willd.　全株,酚类及其衍生物。

鬼针草 *Bidens pilosa* Linn.　全株,酚类及其衍生物。

狼杷草 *Bidens tripartita* Linn.　全株,酚类及其衍生物。

丝毛飞廉 *Carduus crispus* Linn.　全株,生物碱。

烟管头草 *Carpesium cernuum* Linn.　全草,萜类。

大花金挖耳 *Carpesium macrocephalum* Franch. et Sav.　全株,萜类。

林泽兰 *Eupatorium lindleyanum* DC.　全株,萜类。

旋覆花 *Inula japonica* Thunb.　全株,萜类。

额河千里光 *Senecio argunensis* Turcz.　全株,生物碱。

蒙古蒲公英 *Taraxacum mongolicum* Hand. - Mazz.　全株,萜类。

狗舌草 *Tephroseris kirilowii*（Turcz. ex DC.）Holu　全株,生物碱。

苍耳 *Xanthium strumarium* Linn.　全株,甙类。

水麦冬 *Triglochin palustris* Linn.　全株,甙类。

东方泽泻 *Alisma orientale*（Samuel.）Juz.　全株,萜类。

羽茅 *Achnatherum sibiricum*（Linn.）Keng ex Tzvel.　全株,生物碱。

臭草 *Melica scabrosa* Trin.　全株,甙类。

虉草 *Phalaris arundinacea* Linn.　全株,甙类。

菖蒲(白菖蒲)*Acorus calamus* Linn. 茎、叶,酚类及其衍生物。
一把伞南星 *Arisaema erubescens* (Wall.) Schott 块茎,甙类。
半夏 *Pinellia ternata* (Thunb.) Breit. 块茎,甙类。
虎掌 *Pinellia pedatisecta* Schott 块茎,甙类。
独角莲 *Sauromatum giganteum* (Engl.) Cusim. et Hettersch. 块茎,甙类。
鸭跖草 *Commelina communis* Linn. 茎叶,甙类。
薤白 *Allium macrostemon* Bge. 干燥鳞茎和叶,生物碱。
小黄花菜(红萱)*Hemerocallis minor* Mill. 花,生物碱。
北重楼 *Paris verticillata* Rieb. 根状茎,甙类。
卷叶黄精 *Polygonatum cirrhifolium* (Wall.) Royle 根状茎,甙类。
二苞黄精 *Polygonatum involucratum* (Franch. et Sav.) Maxim. 根状茎,甙类。
玉竹 *Polygonatum odoratum* (Mill.) Druce. 根状茎,甙类。
黄精 *Polygonatum sibiricum* Redoute 根状茎,甙类。
湖北黄精 *Polygonatum zanlanscianense* Pamp. 根状茎,甙类。
藜芦 *Veratrum nigrum* Linn. 根和根状茎,生物碱。
穿龙薯蓣 *Dioscorea nipponica* Makino 根状茎,甙类。
薯蓣 *Dioscorea polystachya* Turcz. 根状茎,甙类。
射干 *Belamcanda chinensis* (Linn.) Redoute 根状茎,甙类。
马蔺 *Iris lactea* var. *chinensis* (Fisch.) Koidz. 种子,甙类。
紫苞鸢尾 *Iris ruthenica* Ker-Gawl. 根状茎,甙类。
细叶鸢尾 *Iris tenuifolia* Pall. 根状茎,甙类。
野鸢尾 *Iris dichotoma* Pall. 根状茎,甙类。
火烧兰 *Epipactis helleborine* (Linn.) Crantz 根,生物碱。

6.7 纤维植物

陕西延安黄龙山褐马鸡国家级自然保护区纤维植物有53种,具体如下:

山杨 *Populus davidiana* Dode

小叶杨 *Populus simonii* Carr.

黄花柳 *Salix caprea* Linn.

乌柳 *Salix cheilophila* Schneid.

旱柳 *Salix matsudana* Koidz.

中国黄花柳 *Salix sinica* (Hao) C. Wang et C. F. Fang

红皮柳 *Salix sinopurpurea* C. Wang et C. Y. Yu

皂柳 *Salix wallichiana* Anderss.

黑弹树(小叶朴)*Celtis bungeana* Bl.

朴树(黄果朴)*Celtis sinensis* Pers.

大叶朴 *Celtis koraiensis* Nakai

春榆 *Ulmus davidiana* var. *japonica* Nakai

旱榆(灰榆)*Ulmus glaucescens* Franch.

大果榆 *Ulmus macrocarpa* Hance

榔榆 *Ulmus parvifolia* Jacq.

榆树 *Ulmus pumila* Linn.

构树 *Broussonetia papyrifera* (Linn.) L'Herit. ex Vent.
柘(柘树) *Maclura tricuspidata* Carr.
桑树 *Morus alba* Linn.
鸡桑 *Morus australis* Poir.
华桑 *Morus cathayana* Hemsl.
葎草 *Humulus scandens* (Lour.) Merr.
赤麻 *Boehmeria silvestrii* (Pamp.) W. T. Wang
麻叶荨麻 *Urtica cannabina* Linn.
宽叶荨麻 *Urtica laetevirens* Maxim.
五味子(北五味子) *Schisandra chinensis* (Turcz.) Baill.
大火草 *Anemone tomentosa* (Maxim.) Péi
紫穗槐 *Amorpha fruticosa* Linn.
杭子梢 *Campylotropis macrocarpa* (Bge.) Rehd.
秦晋锦鸡儿(延安锦鸡儿) *Caragana purdomii* Rehd.
草木樨 *Melilotus officinalis* (Linn.) Lam.
葛藤 *Pueraria montana* (Lour.) Merr.
宿根亚麻 *Linum perenne* Linn.
野亚麻 *Linum stelleroides* Planch.
小花扁担杆 *Grewia biloba* var. *parviflora* (Bge.) Hand.-Mzt.
少脉椴 *Tilia paucicostata* Maxim.
河朔荛花(羊厌厌) *Wikstroemia chamaedaphne* (Bge.) Meisn.
萝藦 *Metaplexis japonica* (Thunb.) Makino
杠柳 *Periploca sepium* Bge.
荆条 *Vitex negundo* var. *heterophylla* (Franch.) Rehd.
葱皮忍冬 *Lonicera ferdinandii* Franch.
黄花蒿 *Artemisia annua* Linn.
牛蒡 *Arctium lappa* Linn.
宽叶香蒲 *Typha latifolia* Linn.
白羊草 *Bothriochloa ischaemum* (Linn.) keng
芒 *Miscanthus sinensis* Anderss.
狼尾草 *Pennisetum alopecuroides* (Linn.) Spreng.
白草 *Pennisetum flaccidum* Griseb.
芦苇 *Phragmites australis* (Cav.) Trin. ex Steudel
大油芒(大荻) *Spodiopogon sibiricus* Trin.
黄背草 *Themeda triandra* Forssk.
射干 *Belamcanda chinensis* (Linn.) Redoute
马蔺 *Iris lactea* var. *chinensis* (Fisch.) Koidz.

6.8 鞣料植物

陕西延安黄龙山褐马鸡国家级自然保护区鞣料植物有42种,具体如下:
蕨 *Pteridium aquilinum* var. *latiusculum* (Desv.) Underw. ex Hell. 全株可提制栲胶。
华北落叶松 *Larix gmelinii* var. *principis-rupprechtii* (Mayr) Pilg. 树皮可提制栲胶。

华山松 *Pinus armandii* Franch.（引栽）树皮可提制栲胶。
油松 *Pinus tabuliformis* Carr. 树皮可提制栲胶。
山杨 *Populus davidiana* Dode 树皮可提制栲胶。
小叶杨 *Populus simonii* Carr. 树皮可提制栲胶。
榛 *Corylus heterophylla* Fisch. ex Trautv. 树皮、叶和总苞可提制栲胶。
千金榆 *Carpinus cordata* Bl. 树皮可提制栲胶。
鹅耳枥 *Carpinus turczaninowii* Hance 树皮及叶可提制栲胶。
板栗 *Castanea mollissima* Bl. 树皮、壳斗、嫩枝、叶、木材的髓部可提制栲胶。
麻栎 *Quercus acutissima* Carr. 壳斗、树皮可提制栲胶。
槲栎 *Quercus aliena* Bl. 壳斗、树皮富含单宁，可提制栲胶。
槲树 *Quercus dentata* Thunb. 树皮为提制栲胶的重要树种。
栓皮栎 *Quercus variabilis* Bl. 壳斗、树皮富含单宁，可提制栲胶。
胡桃楸 *Juglans mandshurica* Maxim. 树皮含鞣质48.92%，可提制栲胶。
野核桃 *Juglans cathayensis* Dode 树皮、果皮可提制栲胶。
胡桃 *Juglans regia* Linn. 树皮、果皮可提制栲胶。
商陆 *Phytolacca acinosa* Roxb. 果实可提制栲胶。
波叶大黄 *Rheum rhabarbarum* Linn. 根可提制栲胶。
酸模 *Rumex acetosa* Linn. 根、叶可提制栲胶。
皱叶酸模 *Rumex crispus* Linn. 根可提制栲胶。
尼泊尔酸模 *Rumex nepalensis* Spreng. 根、叶可提制栲胶。
杠板归 *Polygonum perfoliatum* Linn. 根含鞣质33%，可提制栲胶。
龙芽草 *Agrimonia pilosa*. var. *japonica*（Miq.）Nakai 全株可提制栲胶。
路边青 *Geum aleppicum* Jacq. 全草可提制栲胶。
蕨麻（鹅绒委陵菜）*Potentilla anserina* Linn. 根可提制栲胶。
委陵菜 *Potentilla chinensis* Ser. 根可提制栲胶。
地榆 *Sanguisorba officinalis* Linn. 根可提制栲胶。
商陆 *Phytolacca acinosa* Roxb. 果实含鞣质，可提制栲胶。
黄海棠 *Hypericum ascyron* Linn. 全草可提制栲胶。
青榨槭 *Acer davidii* Franch. 叶、树皮可提制栲胶。
五角枫 *Acer pictum* subsp. *mono*（Maxim.）H. Ohashi 树皮、叶、果实均可提制栲胶。
卫矛 *Euonymus alatus*（Thunb.）Sieb. 茎和叶可提制栲胶。
臭檀吴萸（臭檀）*Tetradium daniellii*（Benn.）Hartl. 树皮可提制栲胶。
君迁子 *Diospyros lotus* Linn. 树皮可提制栲胶。
花曲柳 *Fraxinus chinensis* subsp. *rhynchophylla*（Hance）E. Murray 树皮可提制栲胶。
臭椿 *Ailanthus altissima*（Mill.）Swingle 树皮可提制栲胶。
栾树 *Koelreuteria paniculata* Laxm. 叶可提制栲胶。
毛黄栌 *Cotinus coggygria* var. *pubescens* Engl. 树皮、叶可提制栲胶。
漆树 *Toxicodendron vernicifluum*（Stokes）F. A. Barkley 叶可提制栲胶。
黄连木 *Pistacia chinensis* Bge. 果实、树皮及叶可提制栲胶。
青麸杨 *Rhus potaninii* Maxim. 茎、叶可提制栲胶。
鳢肠 *Eclipta prostrata*（Linn.）Linn. 根可提制栲胶。

6.9 树脂、树胶及橡胶植物

陕西延安黄龙山褐马鸡国家级自然保护区树脂、树胶及橡胶植物有23种,具体如下:
华北落叶松 *Larix gmelinii* var. *principis-rupprechtii* (Mayr) Pilg. (引栽)
华山松 *Pinus armandii* Franch. (引栽)
白皮松 *Pinus bungeana* Zucc. et Endl.
油松 *Pinus tabuliformis* Carr.
山桃 *Amygdalus davidiana* (Carr.) Fr.
陕甘山桃 *Amygdalus davidiana* var. *potaninii* (Batal.) T. T. Yu et L. T. Lu
甘肃桃 *Amygdalus kansuensis* (Rehd.) Skeels
山杏 *Armeniaca sibirica* (Linn.) Lam.
毛杏 *Armeniaca sibirica* var. *pubescens* Kost.
野杏 *Armeniaca vulgaris* var. *ansu* (Maxim.) Yü et Lu
李 *Prunus salicina* Lindl.
槐(国槐) *Sophora japonica* Linn.
皂荚 *Gleditsia sinensis* Lam.
臭椿 *Ailanthus altissima* (Mill.) Swingle
香椿 *Toona sinensis* (A. Juss.) Roem.
漆树 *Toxicodendron vernicifluum* (Stokes) F. A. Barkley
软枣猕猴桃 *Actinidia arguta* (Sieb. et Zucc.) Planch. ex Miq.
卫矛 *Euonymus alatus* (Thunb.) Sieb.
白杜 *Euonymus maackii* Rupr.
栓翅卫矛 *Euonymus phellomanus* Loes.
杠柳 *Periploca sepium* Bge.
华北鸦葱(笔管草) *Scorzonera albicaulis* Bge.
鸦葱 *Scorzonera austriaca* Willd.

6.10 经济昆虫寄主植物

陕西延安黄龙山褐马鸡国家级自然保护区经济昆虫寄主植物有12种,具体如下:
板栗 *Castanea mollissima* Bl.　叶可作柞蚕饲料。
麻栎 *Quercus acutissima* Carr.　叶可作柞蚕饲料。
槲树 *Quercus dentata* Thunb.　叶可作柞蚕饲料。
栓皮栎 *Quercus variabilis* Bl.　叶可作柞蚕饲料。
辽东栎 *Quercus wutaishanica* Mayr　叶可作柞蚕饲料。
榛 *Corylus heterophylla* Fisch. ex Trautv.　叶可作柞蚕饲料。
桑 *Morus alba* Linn.　叶为很好的家蚕饲料。
鸡桑 *Morus australis* Poir. 叶可作家蚕饲料。
华桑 *Morus cathayana* Hemsl.　叶可作家蚕饲料。
臭椿 *Ailanthus altissima* (Mill.) Swingle　叶可作椿蚕饲料。
白蜡树 *Fraxinus chinensis* Roxb.　枝叶可放养白蜡虫。
青麸杨 *Rhus potaninii* Maxim.　五倍子蚜虫寄主植物。

6.11 饲料植物

陕西延安黄龙山褐马鸡国家级自然保护区饲料植物(以褐马鸡食物为主)有95种,具体如下:

问荆 *Equisetum arvense* Linn.
白皮松 *Pinus bungeana* Zucc. et Endl.
油松 *Pinus tabuliformis* Carr.
侧柏 *Platycladus orientalis*(Linn.)Endl.
山杨 *Populus davidiana* Dode
小叶杨 *Populus simonii* Carr.
黄花柳 *Salix caprea* Linn.
乌柳 *Salix cheilophila* Schneid.
宽叶翻白柳 *Salix hypoleuca* var. *platyphylla* Schneid.
黄龙柳 *Salix liouana* C. Wang et C. Y. Yang
旱柳 *Salix matsudana* Koidz.
中国黄花柳 *Salix sinica*(Hao)C. Wang et C. F. Fang
红皮柳 *Salix sinopurpurea* C. Wang et C. Y. Yu
皂柳 *Salix wallichiana* Anderss.
白桦 *Betula platyphylla* Suk.
麻栎 *Quercus acutissima* Carr.
辽东栎 *Quercus wutaishanica* Mayr
栓皮栎 *Quercus variabilis* Bl.
波叶大黄 *Rheum rhabarbarum* Linn.
灰栒子 *Cotoneaster acutifolius* Turcz.
水栒子 *Cotoneaster multiflorus* Bge.
湖北山楂 *Crataegus hupehensis* Sarg.
甘肃山楂 *Crataegus kansuensis* Wils.
橘红山楂 *Crataegus aurantia* Pojark.
山楂 *Crataegus pinnatifida* Bge.
东方草莓 *Fragaria orientalis* Lozinsk.
野草莓 *Fragaria vesca* Linn.
山荆子 *Malus baccata*(Linn.)Borkh.
湖北海棠 *Malus hupehensis*(Pamp.)Rehd.
河南海棠 *Malus honanensis* Rehd.
陇东海棠 *Malus kansuensis*(Batal.)Schneid.
毛山荆子 *Malus manshurica*(Maxim.)Kom.
楸子(海棠果)*Malus prunifolia*(Willd.)Borkh.
花叶海棠 *Malus transitoria*(Batal.)Schneid.
杜梨 *Pyrus betulifolia* Bge.
黄蔷薇 *Rosa hugonis* Hemsl.
黄刺玫 *Rosa xanthina* Lindl.
牛叠肚 *Rubus crataegifolius* Bge.
喜阴悬钩子 *Rubus mesogaeus* Focke

茅莓 *Rubus parvifolius* Linn.
腺花茅莓 *Rubus parvifolius* var. *adenochlamys* (Focke) Migo
菰帽悬钩子 *Rubus pileatus* Focke
大叶华北绣线菊 *Spiraea fritschiana* var. *angulata* (Fritsch ex Schneid.) Rehd
土庄绣线菊 *Spiraea pubescens* Turcz.
甘草 *Glycyrrhiza uralensis* Fisch.
天蓝苜蓿 *Medicago lupulina* Linn.
小苜蓿 *Medicago minima* (Linn.) Grufb.
花苜蓿(扁蓿豆) *Medicago ruthenica* (Linn.) Trautv.
山野豌豆 *Vicia amoena* Fisch.
大花野豌豆(三齿野豌豆) *Vicia bungei* Ohwi
广布野豌豆 *Vicia cracca* Linn.
大叶野豌豆 *Vicia pseudo－orobus* Fisch. et Mey.
野豌豆 *Vicia sepium* Linn.
大野豌豆 *Vicia sinogigantea* B. J. Bao et Turland
歪头菜 *Vicia unijuga* A. Br.
拐芹 *Angelica polymorpha* Maxim.
北柴胡(竹叶柴胡) *Bupleurum chinense* DC.
红柴胡(狭叶柴胡) *Bupleurum scorzonerifolium* Willd.
银州柴胡 *Bupleurum yinchowense* R. H. Shan et Y. Li
野胡萝卜 *Daucus carota* Linn.
水芹(野芹菜) *Oenanthe javanica* (Bl.) DC.
防风 *Saposhnikovia divaricata* (Turcz.) Schischk.
文冠果 *Xanthoceras sorbifolium* Bge.
中国沙棘 *Hippophae rhamnoides* subsp. *sinensis* Rousi
达乌里秦艽 *Gentiana dahurica* Fisch.
秦艽 *Gentiana macrophylla* Pall.
鳞叶龙胆 *Gentiana squarrosa* Ledeb.
连翘 *Forsythia suspensa* (Thunb.) Vahl.
黄连木 *Pistacia chinensis* Bge.
漆树 *Toxicodendron vernicifluum* (Stokes) F. A. Barkley
丹参 *Salvia miltiorrhiza* Bge.
黄芩 *Scutellaria baicalensis* Georgi
车前 *Plantago asiatica* Linn.
平车前 *Plantago depressa* Willd.
长叶车前 *Plantago lanceolata* Linn.
大车前 *Plantago major* Linn.
细裂叶莲蒿(铁杆蒿、万年蒿) *Artemisia gmelinii* Web.
小红菊 *Chrysanthemum chanetii* H. Level.
委陵菊 *Chrysanthemum potentilloides* Hand.－Mazz.
野菊 *Chrysanthemum indicum* Linn.
甘菊 *Chrysanthemum lavandulifolium* (Fisch. ex Trautv.) Makino
山尖子 *Parasenecio hastatus* (Linn.) H. Koy.

蒙古蒲公英（蒲公英）*Taraxacum mongolicum* Hand. – Mazz.
华蒲公英 *Taraxacum sinicum* Kitag.
香附子 *Cyperus rotundus* Linn.
水莎草 *Cyperus serotinus* Rottb.
赖草 *Leymus secalinus* (Georgi) Tzvel.
早熟禾 *Poa annua* Linn.
林地早熟禾 *Poa nemoralis* Linn.
硬质早熟禾 *Poa sphondylodes* Trin. ex Bge.
多叶早熟禾 *Poa sphondylodes* var. *erikssonii* Melderis
草地早熟禾 *Poa pratensis* Linn.
细叶韭 *Allium tenuissimum* Linn.
山丹 *Lilium pumilum* Redout.
沿阶草 *Ophiopogon bodinieri* Levl.

主要参考文献

[1] 戴宝合. 野生植物资源[M]. 北京:农业出版社,1998.

[2] 张凤臣,杨兴中,李登武.陕西韩城黄龙山褐马鸡自然保护区综合科学考察报告[M].杨凌:西安:陕西科学技术出版社,2006.

[3] 李卫忠,赵鹏祥,贾生平.陕西延安黄龙山褐马鸡自然保护区综合科学考察[M].西北农林科技大学出版社,2006.

[4] 李登武.陕北黄土高原植物区系地理研究[M].杨凌:西北农林科技大学出版社,2009.

[5] 张仰渠,等.陕西森林[M].北京:中国林业出版社,1989.

[6] 程铁锁,何冰,王保星,等. 陕西韩城黄龙山褐马鸡食性观察与分析[J]. 防护林科技,2015,(5):92-94.

[7] 陈冀胜,郑硕. 中国有毒植物[M]. 北京:科学出版社,1987.

[8] 刘利红. 内蒙古有毒植物资源及两种有毒植物的化感作用研究[D]. 呼和浩特:内蒙古农业大学,2016.

[9] 姜莹,全雪丽,朴成日,等. 长白山自然保护区的野生有毒植物资源与有毒成分研究[J]. 生物资源,2020,https://kns.cnki.net/kcms/detail/42.1886.Q.20201204.1143.008.html

第 7 章 植 被

7.1 植被分类

7.1.1 植被分类原则、依据和单位

7.1.1.1 植被分类依据和原则

陕西延安黄龙山褐马鸡国家级自然保护区植被分类基本采用《中国植被》（吴征镒等，1980）中的植被分类原则，即植物群落学－生态学原则，以植物群落本身的综合特征作为分类依据。具体如下：

（1）植物群落的外貌和结构 即生态外貌原则。植物群落的外貌与结构（垂直和水平结构、季相变化动态特点）是植物群落对综合生境条件长期适应的表征，在某种程度上反映植物群落与环境的统一关系。植被的外貌和结构主要取决于建群种或优势种的生活型，是植被分类系统较高级别单位的主要划分依据。

（2）植物群落的生态地理特征和物种的生态类型 即优势度原则。任何植物群落的存在都与一定的生态环境密切联系。有时生活型和外貌不一定完全反映环境条件，外貌相似的群落可以分布于完全不同的环境中，需要考虑建群种和优势种对水热条件的需求和适应。

（3）植物群落的物种组成 即种类组成原则。植物种类组成是植物群落的主要特征之一。植物群落的一切特征都与种类组成相联系。植物种类的生态、生物学特性及物种组合形式的差异都会影响植物群落的结构和功能。植物群落的建群种、共建种、优势种在一定程度上反映了群落的地理分布、生境特点和种间关系。在植被分类中，种类组成是划分低级单位的重要标准和依据。

（4）植物群落的动态特征 即演替原则。该研究在进行植被分类时，优先考虑的是植物群落的现状特征，但在确定分类体系时也尽可能地兼顾群落的动态特征。

综上所述，植被分类主要以植物群落本身特征和群落所处的生态条件为依据，但对不同等级单位采用的具体特征和指标有所偏重，高级单位偏重于群落的生态外貌，中低级单位偏重于群落的种类组成和群落结构及生态条件。

7.1.1.2 植被分类单位

陕西延安黄龙山褐马鸡国家级自然保护区植被分类单位依据《中国植被》（吴征镒等，1980）、《中国植物区系与植被地理》（陈灵芝等，2017）、《陕西植被》（雷明德等，1999）中的分类单位，具体如下：

植被型组
    植被型（高级单位）
        植被亚型
             群系（中级单位）
                  群丛（基本单位）

7.1.2 植被分类系统

依据以上植被分类标准,将陕西延安黄龙山褐马鸡国家级自然保护区自然植被分为3个植被型组,3个植被型,6个植被亚型,19个群系。具体见表7-1。编号说明如下:

植被型组:用Ⅰ、Ⅱ、Ⅲ、…数字后加".",统一编号;植被型:用一、二、三、…数字后加"、",统一编号;植被亚型:用(一)、(二)、(三)、…统一编号;群系用1、2、3、…数字后加".",统一编号。

表7-1 陕西延安黄龙山褐马鸡国家级自然保护区自然植被类型

Ⅰ.针叶林(Coniferous forest)
一、温性针叶林(Temperate coniferous forest)
(一)温性常绿针叶林(Temperate evergreen coniferous forest)
1. 油松林(Form. *Pinus tabuliformis*)
2. 白皮松林(Form. *Pinus bungeana*)
3. 侧柏林(Form. *Platycladus orientalis*)
4. 油松+白皮松林(Form. *Pinus tabuliformis* + *Pinus bungeana*)
Ⅱ.阔叶林(Broadleaved forest)
二、落叶阔叶林(Deciduous broadleaved forest)
(二)栎林(Oak forest)
5. 辽东栎林(Form. *Quercus wutaishanica*)
6. 槲栎林(Form. *Quercus aliena*)
7. 栓皮栎林(Form. *Quercus variabilis*)
(三)杨桦林(Birch forest)
8. 白桦林(Form. *Betula platyphylla*)
9. 山杨林(Form. *Populus davidiana*)
10. 白桦+山杨林(Form. *Betula platyphylla* + *Populus davidiana*)
(四)漆树林(Lacquer forest)
(五)野核桃林(Juglans forest)
Ⅲ.灌丛(Shrubs)
三、落叶阔叶灌丛(Deciduous broadleaf shrubs)
(六)温性落叶阔叶灌丛(Temperate Deciduous broadleaf shrubs)
11. 狼牙刺灌丛(Form. *Sophora viciifolia*)
12. 叶底珠灌丛(Form. *Flueggea suffruticosa*)
13. 榛灌丛(Form. *Corylus heterphylla*)
14. 虎榛子灌丛(Form. *Ostryopsis davidiana*)
15. 胡枝子灌丛(Form. *Lespedeza bicolor*)
16. 连翘灌丛(Form. *Forsythia suspense*)
17. 黄刺玫灌丛(Form. *Rosa xanthina*)
18. 荆条灌丛(Form. *Vitex negundo* var. *heterophylla*)
19. 山桃+狼牙刺灌丛(Form. *Amygdalus davidiana* + *Sophora davidiv*)

7.2 主要植被类型概述

7.2.1 针叶林

(1)油松林(Form. *Pinus tabuliformis*)

建群种为油松(*Pinus tabuliformis*),主要分布在海拔 800~1 700 m,胸径约 20 cm,平均高约 12 m,郁闭度约 0.90,多分布在阴坡、半阴坡,林下土壤为褐土。除少量人工林外,均为天然次生林,且多为中幼龄林。该林分林冠及林相整齐,层次结构显明,多为块状或带状单层纯林。灌木层主要常见植物有胡枝子(*Lespedeza bicolor*)、虎榛子(*Ostryopsis davidiana*)、牛奶子(*Elaeagnus umbellata*)、太平花(*Philadelphus pekinensis*)等,盖度为 25%;草本层主要植物有大披针薹草(*Carex lanceolata*)、额河千里光(*Senecio argunensis*)、铁杆蒿(*Artemisia gmelinii*)、委陵菜(*Potentilla chinensis*)、风毛菊(*Saussurea japonica*)、紫菀(*Aster tataricus*)、东亚唐松草(*Thalictrum minus* var. *hypoleucum*)等,盖度为 30%。

(2)白皮松林(Form. *Pinus bungeana*)

建群种为白皮松(*Pinus bungeana*),主要分布于海拔 1 400 m 以下,胸径约 13 cm,平均高约 10 m,郁闭度约 0.85,多分布在石灰质、页岩或黄土母质的碳酸盐褐色土、典型褐色土和淋溶褐色土上。本区白皮松皆为天然次生林,群落比较整齐,季相变化不明显。灌木层常见种有黄蔷薇(*Rosa hugonis*)、连翘(*Forsythia suspense*)、荆条(*Vitex negundo* var. *heterophylla*)、桦叶荚蒾(*Viburnum betulifolium*)、虎榛子(*Ostryopsis davidiana*)、山桃(*Amygdalus davidiana*)等,平均盖度约为 25%;草本层常见种有异叶败酱(*Patrinia heterophylla*)、大丁草(*Leibnitzia anandria*)、唐松草(*Thalictrum aquilegiifolium* var. *sibiricum*)、黄精(*Polygonatum sibiricum*)、火绒草(*Leontopodium hayachinense*)、茜草(*Rubia cordifolia*)、漏芦(*Rhaponticum uniflorum*)等,平均盖度约为 30%。

(3)侧柏林(Form. *Platycladus orientalis*) 建群种为侧柏(*Platycladus orientalis*),主要分布在海拔 1 200 m 以下,胸径约 15 cm,平均高约 7 m,郁闭度约 0.9,呈片状或零星生长,土壤多为碳酸盐褐土和褐土性土。本区侧柏为幼龄林和中龄林,组成上多系纯林。灌木层常见植物有葱皮忍冬(*Lonicera ferdinandi*)、小花扁担杆(*Grewia biloba* var. *parviflora*)、牛奶子(*Elaeagnus umbellata*)、黄连木(*Pistacia chinensis*)、陕西荚蒾(*Viburnum schensianum*)、狼牙刺(*Sophora davidii*)、连翘(*Forsythia suspensa*)、鸡桑(*Morus australis*)等,平均盖度约为 28%;草本层常见种有米口袋(*Gueldenstaedtia verna*)、火绒草(*Leontopodium leontopodioides*)、沿阶草(*Ophiopogon bodinieri*)、木香薷(*Elsholtzia stauntoni*)、多裂委陵菜(*Potentilla multifida*)、西伯利亚远志(*Polygala sibirica*)、阿尔泰狗娃花(*Polygala sibirica*)、大披针薹草(*Carex lanceolata*)、铁杆蒿(*Artemisia gmelinii*)等,平均盖度约为 55%。

(4)油松+白皮松林(Form. *Pinus bungeana* + *Pinus bungeana*)

建群种为白皮松(*Pinus bungeana*)和油松(*Pinus bungeana*),主要分布在海拔 1 400 m 左右的山顶,胸径约 15 cm,平均高约 10 m,郁闭度约 0.85;灌木层常见植物有西北枸子(*Cotoneaster zabelii*)、陕西荚蒾(*Viburnum schensianum*)、连翘(*Forsythia suspensa*)、黄刺玫(*Rosa xanthina*)、多花木蓝(*Indigofera amblyantha*)、茶条枫(*Acer tataricum* subsp. *ginnala*)等,平均盖度约为 35%;草本层常见植物有华蒲公英(*Taraxacum sinicum*)、水莎草(*Cyperus serotinus*)、紫花地丁(*Viola phillippica*)、斑叶堇菜(*Viola variegata*)、穿龙薯蓣(*Dioscorea nipponica*)、草地风毛菊(*Saussurea amara*)等,盖度约为 40%。

7.2.2 阔叶林

7.2.2.1 栎林

(1)辽东栎林(Form. *Quercus wutaishanica*)

建群种为辽东栎(*Quercus wutaishanica*),主要分布在海拔 1 000 m 以上的山坡上部,胸径约 17 cm,

平均高约 15 m,郁闭度约 0.9,土壤一般为褐土和灰褐色森林土。多数为萌生的中幼林,一般分布在阴坡湿润条件下,生长较好。伴生树种有鹅耳枥(Carpinus turczaninowii);灌木层常见种有陕西荚蒾(Viburnum schensianum)、鞘柄菝葜(Smilax stans)、杭子梢(Campylotropis macrocarpa)、蒙古荚蒾(Viburnum mongolicum)、河北木蓝(Indigofera bungeana)、黄刺玫(Rosa xanthina)、冻绿(Rhamnus utilis)等,平均盖度约为 20%;草本层常见种有北柴胡(Bupleurum chinense)、大披针薹草(Carex lanceolata)、蝙蝠葛(Menispermum dauricum)、大火草(Anemone tomentosa)、淫羊藿(Epimedium brevicornu)、旋蒴苣苔(Boea hygrometrica)、贝加尔唐松草(Thalictrum baicalense)、异叶败酱(Patrinia heterophylla)等,平均盖度约为 35%。

(2)槲栎林(Form. Quercus aliena)

建群种为槲栎(Quercus aliena),主要分布在海拔 1 000～1 400 m 的山坡上部,胸径约 20 cm,平均高约 10 m,郁闭度约 0.85,土壤主要为褐土。多数为萌生的中幼龄林。灌木层常见种有多花胡枝子(Lespedeza floribunda)、黄刺玫(Rosa xanthina)、卫矛(Euonymus alatus)、多花木蓝(Indigofera amblyantha)、北京丁香(Syringa pekinensis)、绣球绣线菊(Spiraea blumei)、茅莓(Rubus parvifolius)、虎榛子(Ostryopsis davidiana)等,平均盖度约 30%;草本层常见种有糙苏(Phlomis umbrosa)、大花金挖耳(Carpesium macrocephalum)、歪头菜(Vicia unijuga)、黄精(Polygonatum sibiricum)、异叶败酱(Patrinia heterophylla)、野青茅(Deyeuxia pyramidalis)、乌头(Aconitum carmichaelii)、东亚唐松草(Thalictrum minus var. hypoleucum)等,平均盖度约为 50%。

(3)栓皮栎林(Form. Quercus variabilis)

建群种为栓皮栎(Quercus variabilis),主要分布在海拔 1 000 m 以下的山坡,胸径约 15 cm,平均高约 10 m,郁闭度约 0.9,土壤为褐土。多为多代萌生林。伴生树种有山楂(Crataegus pinnatifida)、华桑(Morus cathayana)、君迁子(Diospyros lotus)等;灌木层常见种有土庄绣线菊(Spiraea pubescens)、金银忍冬(Lonicera maackii)、西北栒子(Cotoneaster zabelii)、杠柳(Periploca sepium)、黄刺玫(Rosa xanthina)、鸡桑(Morus australis)、五角枫(Acer pictum subsp. mono)等,平均盖度约为 25%;草本层常见种有野青茅(Deyeuxia pyramidalis)、刺儿菜(Cirsium arvense var. integrifolium)、一把伞南星(Arisaema erubescens)、荩草(Arthraxon hispidus)、丹参(Salvia miltiorrhiza)、萝藦(Metaplexis japonica)、尖裂假还阳参(Crepidiastrum sonchifolium)、草芍药(Paeonia obovata)、东方草莓(Fragaria orientalis)等,平均盖度约为 45%。

7.2.2.2 杨桦林

(4)白桦林(Form. Betula platyphylla)

建群种为白桦(Betula platyphylla),主要分布在海拔 1 000～1 600 m,多生于阴坡、半阴坡的下部,土壤一般为褐土和碳酸盐褐土。多为多代萌生的中幼龄林,矮小弯曲生长较差。伴生树种有山杨(Populus davidiana)、辽东栎(Quercus wutaishanica)、茶条枫(Acer tataricum subsp. ginnala)和杜梨(Pyrus betulifolia)等;灌木层常见种有胡枝子(Lespedeza bicolor)、忍冬(Lonicera japonica)、栓翅卫矛(Euonymus phellomanus)、冻绿(Rhamnus utilis)、胡颓子(Elaeagnus pungens)等,平均盖度约为 70%;草本层常见植物有大披针薹草(Carex lanceolata)、裂叶堇菜(Viola dissecta)、糙苏(Phlomis umbrosa)、羊齿天门冬(Asparagus filicinus)、卷叶黄精(Polygonatum cirrhifolium)、半夏(Pinellia ternate)、荻(Miscanthus sacchariflorus)等,平均盖度约为 65%。

(5)山杨林(Form. Populus davidiana)

建群种为山杨(Populus davidiana),主要分布在海拔 1 000～1 600 m,胸径约 11 cm,平均高为 12 m,郁闭度约为 0.85,可生长在多种生态环境条件下,常与其他阔叶树种混交,也可形成块状纯林。土壤多为褐土和碳酸盐褐土。伴生树种有白桦(Betula platyphylla)、油松(Pinus tabulaeformis)、槲栎(Quercus aliena)、大叶白蜡树(Fraxinus rhynchophylla)等;灌木层常见植物有灰栒子(Cotoneaster acutifolius)、虎榛子(Ostryopsis davidiana)、葱皮忍冬(Lonicera ferdinandi)、土庄绣线菊(Spiraea pubescens)、陕西荚蒾(Viburnum schensianum)等,平均盖度约为 60%;草本层常见植物有野青茅(Deyeuxia pyramidalis)、大火草(Anemone tomentosa)、玉竹(Polygonatum odoratum)、薯蓣(Dioscorea polystachya)、白头翁(Pulsatilla chinensis)、裂叶堇菜(*Viola dissecta*)等,平均盖度约为45%。

(6)山杨+白桦混交林(Form. *Populus davidiana* + *Betula platyphylla*)

建群种为山杨(*Populus davidiana*)和白桦(*Betula platyphylla*)。主要分布在海拔1 300 m左右的山坡中部,平均高为15 m,郁闭度约为95%,伴生树种有杜梨(*Pyrus betulaefolia*)、辽东栎(*Quercus wutaishanica*)、湖北山楂(*Crataegus hupehensis*)等;灌木层常见植物有栓翅卫矛(*Euonymus phellomanus*)、榛(*Corylus heterophylla*)、连翘(*Forsythia suspensa*)、华北紫丁香(*Syringa oblata*)、茶条枫(*Acer tataricum* subsp. *ginnala*)等,平均盖度为45%;草本层常见植物有玉竹(*Polygonatum odoratum*)、野青茅(*Deyeuxia pyramidalis*)、龙芽草(*Agrimonia pilosa*)、牛扁(*Aconitum barbatum* var. *puberlum*)、卷叶黄精(*Polygonatum cirrhifolium*)、华北薹草(*Carex hancockiana*)、羊草(*Leymus chinensis*)等,平均盖度为50%。

7.2.2.3 漆树林

(7)漆树林(Form. *Toxicodendron vernicifluum*)

建群种为漆树(*Toxicodendron vernicifluum*)。主要分布在海拔1 600 m左右的山坡中部。胸径约24 cm,平均高度13 m,郁闭度约为0.9。伴生树种有胡桃楸(*Juglans mandshurica*)、槲栎(*Quercus aliena*)、白桦(*Betula platyphylla*)等;灌木层常见植物有红瑞木(*Cornus alba*)、栓翅卫矛(*Euonymus phellomanus*)、冻绿(*Rhamnus utilis*)、灌木铁线莲(*Clematis fruticosa*)、小叶丁香(*Syringa pubescens* subsp. *microphylla*)、喜阴悬钩子(*Rubus mesogaeus*)、山梅花(*Philadelphus incanus*)、直穗小檗(*Berberis dasystachya*)、盘叶忍冬(*Lonicera tragophylla*)等,平均盖度约为40%;草本层常见植物有蕨(*Pteridium aquilinum* var. *latiusculum*)、鸡腿堇菜(*Viola acuminata*)、玉竹(*Polygonatum odoratum*)、落新妇(*Astilbe chinensis*)、穿龙薯蓣(*Dioscorea nipponica*)、透茎冷水花(*Pilea pumila*)、乌头叶蛇葡萄(*Ampelopsis aconitifolia*)、茜草(*Rubia cordifolia*)、一把伞南星(*Arisaema erubescens*)等,平均盖度约为35%。

(8)野核桃林(Form. *Juglans cathayensis*)

建群种胡桃楸(*Juglans cathayensis*)主要分布在海拔1 400 m左右的山沟,胸径约23 cm,平均高度17 m,郁闭度约为0.9。主要伴生树种有油松(*Pinus tabuliformis*);灌木层常见植物有卫矛(*Euonymus alatus*)、忍冬(*Lonicera japonica*)、楼斗叶绣线菊(*Spiraea aquilegifolia*)、虎榛子(*Ostryopsis davidiana*)、接骨木(*Sambucus williamsii*)、冻绿(*Rhamnus utilis*)等,平均盖度约为40%;草本层常见植物有纤毛披碱草(*Elymus ciliaris*)、白果堇菜(*Viola phalacrocarpa*)、烟管头草(*Carpesium cernuum*)、葛藤(*Pueraria lobata*)、糙苏(*Phlomis umbrosa*)、歪头菜(*Vicia unijuga*)、黄精(*Polygonatum sibiricum*)、落新妇(*Astilbe chinensis*)等,盖度约为60%。

7.2.3 灌丛

(1)狼牙刺灌丛(Form. *Sophora davidii*)

建群种为狼牙刺(*Sophora davidii*),主要分布于海拔1 400 m以下,平均高约为1.4 m,总盖度约为90%,大多见于阳坡和半阳坡,土壤为褐土。伴生灌木有黄蔷薇(*Rosa hugonis*)、酸枣(*Ziziphus jujuba* var. *spinosa*)、茶条枫(*Acer tataricum* subsp. *ginnala*)、连翘(*Forsythia suspensa*)、荆条(*Vitex negundo* var. *heterophylla*)等;草本层植物常见的有白草(*Pennisetum flaccidum*)、益母草(*Leonurus japonicus*)、艾(*Artemisia argyi*)、大披针薹草(*Carex lanceolata*)、小白酒草(*Erigeron canadensis*)、天蓝苜蓿(*Medicago lupulina*)、青蒿(*Artemisia apiacea*)、斑叶堇菜(*Viola variegata*)、线叶韭(*Allium tenuissimum*)等,盖度约为25%。

(2)叶底珠灌丛(Form. *Flueggea suffruticosa*)

建群种为叶底珠(*Flueggea suffruticosa*),主要分布在海拔1 100 m左右,平均高约为1.8 m,总盖度约为85%,土壤为黄土。伴生灌木有杠柳(*Periploca sepium*)等,草本层常见植物有狗尾草(*Setaria viridis*)、葎草(*Humulus scandens*)、草木樨状黄耆(*Astragalus melilotoides*)、灰绿藜(*Chenopodium glaucum*)、短梗箭头唐松草(*Thalictrum simplex* var. *brevipes*)等,盖度约为55%。

(3)榛灌丛(Form. *Corylus heterophylla*)

建群种为榛(*Corylus heterophylla*),主要分布于海拔1 000~1 600 m的山坡中部,平均高约为2.5 m,总盖度约为95%,多见于阴坡和半阴坡,土壤一般为褐土。常见伴生灌木为黄蔷薇(*Rosa hugonis*)、多花木蓝(*Indigofera amblyantha*)、毛丁香(*Syringa pubescens*)、山楂(*Crataegus pinnatifida*)、锐齿鼠李(*Rhamnus arguta*)、葱皮忍冬(*Lonicera ferdinandi*)、冻绿(*Rhamnus utilis*)等;草本层常见植物有唐松草(*Thalictrum aquilegiifolium* var. *sibiricum*)、艾(*Artemisia argyi*)、牛扁(*Aconitum barbatum* var. *puberlum*)、大火草(*Anemone tomentosa*)、地榆(*Sanguisorba officinalis*)、野草莓(*Fragaria vesca*)、歪头菜(*Vicia unijuga*)等,平均盖度约为35%。

(4)虎榛子灌丛(Form. *Ostryopsis davidiana*)

建群种为虎榛子(*Ostryopsis davidiana*),主要分布于海拔1 100~1 600 m的山坡上,平均高约为2.6 m,总盖度约为90%,多见于阴坡和半阴坡,土壤为褐土和粗骨性棕壤。伴生灌木有中国沙棘(*Hippophae rhamnoides* subsp. *sinensis*)、北京丁香(*Syringa pekinensis*)、茅莓(*Rubus parvifolius*)、土庄绣线菊(*Spiraea pubescens*)、胡枝子(*Lespedeza bicolor*)、杠柳(*Periploca sepium*)等;草本层常见植物有乌头叶蛇葡萄(*Ampelopsis aconitifolia*)、毛莲蒿(*Artemisia vestita*)、茜草(*Rubia cordifolia*)、猪殃殃(*Galium spurium*)、蒙古风毛菊(*Saussurea mongolica*)、三叶委陵菜(*Potentilla freyniana*)、异穗薹草(*Carex heterostachya*)、牡蒿(*Artemisia japonica*)、地榆(*Sanguisorba officinalis*)、异叶败酱(*Patrinia heterophylla*)、硬质早熟禾(*Poa sphondylodes*)等,平均盖度约为55%。

(5)胡枝子灌丛(Form. *Lespedeza bicolor*)

建群种为胡枝子(*Lespedeza bicolor*),主要分布于海拔1 000~1 600 m,多见于山顶、阴坡和半阴坡,土壤主要为褐土。伴生灌木有连翘(*Forsythia suspensa*)、六道木(*Zabelia biflora*)、栓翅卫矛(*Euonymus phellomanus*)、金银忍冬(*Lonicera maackii*)、杭子梢(*Campylotropis macrocarpa*)等,平均盖度约为80%;草本层常见植物有鸡腿堇菜(*Viola acuminata*)、支柱拳参(*Polygonum suffultum*)、狗尾草(*Setaria viridis*)、北柴胡(*Bupleurum chinense*)、唐松草(*Thalictrum aquilegiifolium* var. *sibiricum*)等,盖度约为50%。

(6)连翘灌丛(Form. *Forsythia suspensa*)

建群种为连翘(*Forsythia suspensa*),主要分布于海拔1 000~1 600 m的山坡中部,平均高度约为2.5 m,总盖度约为85%,多见于林地空间、林缘和荒坡地,土壤为褐土。主要伴生灌木有河北木蓝(*Indigofera bungeana*)、西北栒子(*Cotoneaster zabelii*)、山桃(*Amygdalus davidiana*)、山杏(*Armeniaca sibirica*)、黄蔷薇(*Rosa hugonis*)、蒙古绣线菊(*Spiraea mongolia*)、栓翅卫矛(*Euonymus phellomanus*)等;草本层常见植物有大丁草(*Leibnitzia anandria*)、大火草(*Anemone tomentosa*)、祁州漏芦(*Rhaponticum uniflorum*)、水莎草(*Cyperus serotinus*)、丹参(*Salvia miltiorrhiza*)、米口袋(*Gueldenstaedtia verna*)、歪头菜(*Vicia unijuga*)等,平均盖度40%。

(7)黄刺玫灌丛(Form. *Rosa xanthina*)

建群种为黄刺玫(*Rosa xanthina*),主要分布于海拔1 300 m左右的平地缓坡,平均高度约2.0 m,总盖度约为87%。主要伴生灌木有狼牙刺(*Sophora davidii*)、多花木蓝(*Indigofera amblyantha*)、三裂绣线菊(*Spiraea trilobata*)等,草本层常见植物有刺儿菜(*Cirsium arvense* var. *integrifolium*)、龙芽草(*Agrimonia pilosa*)、灰绿藜(*Chenopodium glaucum*)、膜叶茜草(*Rubia membranacea*)、路边青(*Geum aleppicum*)、披碱草(*Elymus dahuricus*)、葎草(*Humulus scandens*)、紫花地丁(*Viola phillippica*)等,平均盖度约为45%。

(8)荆条灌丛(Form. *Vitex negundo* var. *heterophylla*)

建群种为荆条(*Vitex negundo* var. *heterophylla*),主要分布在海拔1 000 m左右的农田路边和河边,平均高度3.0 m,总盖度约为95%。主要伴生灌木有黄刺玫(*Rosa xanthina*)、蓝果蛇葡萄(*Ampelopsis bodinieri*)、郁香忍冬(*Lonicera fragrantissima*)、狼牙刺(*Sophora davidii*)、小叶鼠李(*Rhamnus parvifolia*)、华北紫丁香(*Syringa oblata*)等,草本层常见植物有龙牙草(*Agrimonia pilosa*)、中华披碱草(*Elymus sinicus*)、大籽蒿(*Artemisia sieversiana*)、马兰(*Aster indicus*)、猪毛蒿(*Artemisia scoparia*)、大白茅(*Imperata cylindrica* var. *major*)、葎草(*Humulus scandens*)、鼠掌老鹳草(*Geranium sibiricum*)、蒲公英(*Taraxacum mongolicum*)、紫花地丁(*Viola phillippica*)等,盖度约为55%。

(9)山桃+狼牙刺灌丛(Form. *Amygdalus davidiana* + *Sophora viciifolia*)

建群种为山桃(*Amygdalus davidiana*)和狼牙刺(*Sophora viciifolia*),主要分布于海拔1 200 m左右的山坡上,平均高度2.6 m,总盖度约为90%。主要伴生灌木有黄刺玫(*Rosa xanthina*)、多花木蓝(*Indigofera amblyantha*)、小叶鼠李(*Rhamnus parvifolia*)等,草本层常见植物有山丹(*Lilium pumilum*)、多裂委陵菜(*Potentilla multicaulis*)、北柴胡(*Bupleurum chinense*)、狗娃花(*Aster hispidus*)、芨芨草(*Achnatherum splendens*)、茜草(*Rubia cordifolia*)、泥胡菜(*Hemisteptia lyrata*)、菟丝子(*Cuscuta chinensis*)等,盖度约为60%。

7.3 植被的空间分异

7.3.1 水平分异

陕西延安黄龙山褐马鸡国家级自然保护区植被为暖温带落叶阔叶林,是华北落叶阔叶林向西延伸的一部分。在分布格局上,植被的岛屿化分布比较明显,保留有相当数量的辽东栎林、山杨林、白桦林、油松林、侧柏林,大多数实际上是次生落叶阔叶林(梢林)和松栎林以及较大面积的稀疏灌草丛(张凤臣,2007)。影响本区植被水平分布的直接生态因子是土壤、光照、水分和热量条件,间接因子是坡度、坡向和破位等地形因子及其组合。地形因子对植被的影响是通过影响土壤发育、肥力和对水热条件的重新分配而实现的。坡度的不同往往影响土壤发育和积累,土壤母质的不同对植被分布有深刻的影响,而人为因素对林下植物的分布影响更大。另外,同一垂直带上不同植被类型呈交错分布,使得各类型间界限不很清晰,这与群落建群种的生态生物学特性直接相关(张凤臣等,2006)。

7.3.2 垂直分异

由于本区相对高度差异较小,植被的垂直带谱界限不明显或不清晰,但由于本区局部微生境的影响,各植被类型垂直分布仍有一定的规律性,如乔木林中分布广的有侧柏林(1 200 m以下)、油松林(1 700 m以下)、辽东栎林(1 000 m以上)、白桦林(1 000～1 600 m)、山杨林(1 000～1 600 m),局部分布的有白皮松林(1 400 m以下)、槲栎林(1 400 m以下)、栓皮栎林(1 000 m以下);灌丛中分布广的有胡枝子灌丛(1 600 m以下)、连翘灌丛(1 500 m以下)等,分布较广的有荆条灌丛(1 100 m以下)、黄栌灌丛(1 500 m以下)等,局部分布的有虎榛子灌丛(1 100～1 600 m)、狼牙刺灌丛(1 400 m以下)、榛灌丛(1 600 m以下)等。

7.4 植被资源的保护与利用

黄龙山森林植物群落是保存较好的残留植被,也是黄河中游的水源林区,合理地保护和利用该区域的森林植物群落具有重要意义。从生态学观点出发,本区地带性植被为落叶阔叶林,在自然状态下撂荒地可以恢复森林植物群落,且可以根据森林植物群落的动态规律人为加速演替;这里的顶极植物群落为松栎林,由于油松经济效益好,也是稳定群落,人为可扩大油松林面积,但不可盲目扩大油松林面积,应保存一定面积的辽东栎林(甚至山杨林和白桦林),这样才能增强林分的抗病虫害等自然灾害的能力(崔健,1991)。

植被作为生态系统中的第一生产力,支配着整个系统结构和功能的动态过程,因此,植被一旦遭到破坏或其他形式的干扰,不仅仅因其群落物种组成和结构的变化,同时也将导致动物栖息地的丧失或片断化,进而导致生态系统的结构功能的退化以及生物多样性的降低(李卫忠,2006)。森林资源要想实现可持续发展,还需要有质的提升,需要改变现有森林"过密过纯,林相过于单一"等问题,就需要不断提高现有森林的经营水平,在有限的森林面积内使其发挥出更好的生态、经济和社会效益(李玉侠,2009)。

主要参考文献

[1] 吴征镒. 中国植被[M]. 北京:科学出版社,1980.

[2] 陈灵芝,孙航,郭柯,等. 中国植物区系地理与植被地理[M]. 北京:科学出版社,2017.

[3] 雷明德. 陕西植被[M]. 北京:科学出版社,1999.

[4] 张仰渠,等. 陕西森林[M]. 北京:中国林业出版社,1989.

[5] 李卫忠,赵鹏祥,贾生平. 陕西延安黄龙山褐马鸡自然保护区综合科学考察[M]. 杨凌:西北农林科技大学出版社,2006.

[6] 张凤臣,杨兴中,李登武. 陕西韩城黄龙山褐马鸡自然保护区综合科学考察报告[M]. 西安:陕西科学技术出版社,2006.

[7] 李登武,詹兴中,王冬梅,褚胜利. 陕西黄龙山褐马鸡自然保护区种子植物区系研究[J]. 山西大学学报(自然科学版),2008(1):133-140.

[8] 张凤臣. 陕西黄龙山保护区褐马鸡栖息地特征及保护对策[J]. 中南林业调查规划,2007(1):52-56.

[9] 崔建,朱志诚,贾东林,等. 陕北黄龙山森林植物群落的初步研究[J]. 陕西林业科技,1991(4):17-21.

[10] 李玉侠,王海东. 黄龙山林业局森林资源的现状及经营对策探讨[J]. 陕西林业科技,2009(5):54-56.

第8章 植物多样性评价

8.1 维管植物多样性

(1) 维管植物种类丰富

陕西延安黄龙山褐马鸡国家级自然保护区维管植物共有123科476属963种(表8-1),科、属、种分别占陕北黄土高原维管植物(李登武,2009)总科数的87.86%、总属数的82.93%和总种数的68.15%,分别占黄土高原维管植物(杜维波等,2019;张文辉和李登武等,2002)总科数的74.55%、总属数的52.54%和总种数的28.36%。

表8-1 黄龙山褐马鸡保护区维管植物与陕北黄土高原、黄土高原地区的比较

分类群	黄龙山褐马鸡保护区			陕北黄土高原			黄土高原		
	科	属	种	科	属	种	科	属	种
石松类和蕨类植物	11	18	39	17	32	63	18	42	172
种子植物	112	458	925	123	542	1 350	147	864	3 224
合计	123	476	963	140	574	1 413	165	906	3 396

与陕西延安黄龙山褐马鸡国家级自然保护区2015年的野生植物资源调查结果相比较,本次调查新增类群10科49属195种。

(2) 植物区系的优势类群明显,表征科贫乏,表征属丰富

本区种子植物区系的优势科有12科,优势属有16属;表征科有杨柳科、蔷薇科、木樨科、毛茛科和石竹科等5科,其中蔷薇科、毛茛科和石竹科3科既是优势科,又是表征科,表征属有14属,其中蓼属、苹果属、胡枝子属、野豌豆属、蒿属、紫菀属和披碱草属7属既是优势属,又是表征属。

(3) 单型属、寡型属较丰富

本区种子植物区系中,单型属、寡型属有32属,其中单型属有侧柏属、刺榆属、翼荨蔓属、鹅肠菜属、麦蓝菜属、芝麻菜属、防风属、迷果芹属海乳草属、水棘针属、文冠果属、刺揪属、迷果芹属、海乳草属、桔梗属、泥胡菜属、女菀属、款冬属、竹叶子属和知母属等20属;寡型属主要有虎榛子属、薄蒴草属、秃疮花属、博落回属、蝙蝠葛属、白鹃梅属、鸡眼草属、苦马豆属、扯根菜属、黄檗属、地构叶属、栾树属、枳椇属、松蒿属、鳢肠属、茵草属等16属。

(4) 植物区系地理成分多样,温带性质显著;区系联系广泛,是多方区系交汇、过渡区

陕西延安黄龙山褐马鸡国家级自然保护区种子植物区系科的地理成分有10个分布区类型,属的地理成分有15个分布区类型,种的地理成分有14个。科、属、种的地理成分分析表明,本区植物区系具有明显的温带性质,且热带地区植物区系对本区有一定的影响,同时表明本区种子植物区系与世界温带的

许多地区、热带的一些地区有不同程度的联系。

（5）植物区系隶属于东亚植物区，中国－日本森林植物亚区，华北地区的黄土高原亚地区。

8.2 保护植物多样性

（1）保护植物较丰富

陕西延安黄龙山褐马鸡国家级自然保护区保护植物共有36种，隶属于17科31属，科、属、种分别占本区维管植物总科数的13.82%、总属数的6.51%、总种数的3.74%，其中石松类和蕨类植物仅有1种（掌叶铁线蕨），隶属于1科1属，种子植物有16科30属35种，兰科植物最多，有14种，其次豆科植物，有6种。

（2）各类保护植物多样

陕西延安黄龙山褐马鸡国家级自然保护区保护植物中，国家级珍稀濒危植物共有4种（胡桃楸、紫斑牡丹、蒙古黄芪、野大豆），隶属于3科4属；国家重点保护野生植物共有22种（7科19属），均为国家Ⅱ保护植物，其中国家重点保护野生植物（第一批）仅有1种（野大豆）；陕西省地方重点保护植物共有17种（草麻黄、刺榆、甘遂及全部兰科植物），隶属于4科14属；受威胁（极危、濒危、易危）植物和近危级植物共有20种（10科18属），其中受威胁植物有11种，隶属于7科10属，其中濒危级有3种（白皮松、冀北翠雀花、柄荚锦鸡儿），易危级8种（紫斑牡丹、蒙古黄芪、秦晋锦鸡儿、黄檗、光籽木樨、毛杓兰、羊耳蒜、二叶兜被兰）；列入《濒危野生动植物种国际贸易公约－CITES》（附录Ⅱ）中的植物有14种，隶属于1科11属，均为兰科植物。

（3）保护植物种的地理成分以中国特有、东亚成分为主

本区保护植物种的地理成分有7个分布区类型，其中以中国特有分布、东亚分布（以中国－日本分布为主）为主，其次旧世界温带分布、温带亚洲分布也占有一定的比例。中国特有分布以华北成分为主，其次华北－华中成分、西南－华中成分也占有一定的比例。

8.3 特有植物多样性

（1）特有属贫乏，特有种较丰富，无保护区地方特有种

本区无中国特有科，中国特有属仅有4属，占本区维管植物总属数的0.84%，虎榛子属、地构叶属、栾树属和文冠果属，其中文冠果属为单型属，虎榛子属、地构叶属和栾树属为寡型属；中国特有种有239种，占本区维管植物总种数的24.82%。这些中国特有种中无保护区地方特有种，陕西省地方特有种仅有1种（陕西小檗）。

（2）特有植物区系以华北成分、华北－西南成分、华北－华中－西南成分、华北－华中成分为主

陕西延安黄龙山褐马鸡国家级自然保护区维管植物中中国特有植物区系以华北成分、华北－西南成分、华北－华中－西南成分、华北－华中成分为主，其次华北－东北成分、西南－华中成分、华北－华中－华东成分等也占有一定的比例，表明本区中国特有植物区系是我国东、西（西南）、北（东北）、南（华中）的交汇区、过渡区，且联系广泛。

8.4 资源植物多样性

本区资源植物中药用植物有590种，芳香植物有85种，油脂植物有42种，糖类及淀粉植物有50种，野菜植物有32种，有毒植物有199种，鞣料植物42种，树脂、树胶及橡胶植物有23种，经济昆虫寄主植物有12种及饲料植物有95种。

8.5 植被类型多样性

(1) 植被类型较多样,建群种或优势种较丰富

陕西延安黄龙山褐马鸡国家级自然保护区自然植被共有3个植被型组,3个植被型,4个植被亚型,19个群系。本区植物群落的建群种或优势种较丰富,主要有侧柏、白皮松、油松、辽东栎、槲栎、栓皮栎、山杨、白桦、漆树、野核桃、胡枝子、榛、黄刺玫、虎榛子、连翘、狼牙刺、荆条、黄栌、中国沙棘等。

(2) 植被水平地带性表现一定的规律性,垂直地带性特征不明显

陕西延安黄龙山褐马鸡国家级自然保护区地带性植被属于典型的暖温带落叶阔叶林区,本区植被水平地带性表现一定的规律性,垂直地带性特征不明显,这与本区的自然环境条件密切相关。

附录Ⅰ 陕西延安黄龙山褐马鸡国家级自然保护区石松类和蕨类植物名录

一、石松类植物 Lycophyta

1. 卷柏科 Selaginellaceae
卷柏属 *Selaginella* Spring
红枝卷柏（圆枝卷柏）*Selaginella sanguinolenta* (Linn.) Spring
中华卷柏 *Selaginella sinensis* (Desv.) Spring
卷柏 *Selaginella tamariscina* (Beauv.) Spring

二、蕨类植物 Monilophyta

2. 木贼科 Equisetaceae
问荆属 *Equisetum* Linn.
问荆 *Equisetum arvense* Linn.
犬问荆 *Equisetum palustre* Linn.
节节草 *Equisetum ramosissimum* Desfont.
草问荆 *Equisetum pratense* Ehrhart
木贼 *Equisetum hyemale* Linn.

3. 碗蕨科 Dennstaedtiaceae
碗蕨属 *Dennstaedtia* Bernh.
溪洞碗蕨 *Dennstaedtia wilfordii* (T. Moore) Christ
蕨属 *Pteridium* Scop.
蕨 *Pteridium aquilinum* var. *latiusculum* (Desv.) Underw. ex Hell.

4. 凤尾蕨科 Pteridaceae
铁线蕨属 *Adiantum* Linn.
铁线蕨 *Adiantum capillus-veneris* Linn.
掌叶铁线蕨 *Adiantum pedatum* Linn.
白背铁线蕨 *Adiantum davidii* Franch.
粉背蕨属 *Aleuritopteris* Fee
银粉背蕨 *Aleuritopteris argentea* (Gmel.) Fee
陕西粉背蕨 *Aleuritopteris shensiensis* Ching
华北粉背蕨 *Aleuritopteris kuhnii* (Mild.) Ching
凤了蕨属 *Coniogramme* Fee
普通凤了蕨 *Coniogramme intermedia* Hieron.

5. 冷蕨科 Cystopteridaceae

冷蕨属 *Cystopteris* Bernh.

膜叶冷蕨 *Cystopteris pellucida* (Franch.) Ching

冷蕨 *Cystopteris fragilis* (Linn.) Bernh.

6. 铁角蕨科 Aspleniaceae

铁角蕨属 *Asplenium* Linn.

过山蕨 *Asplenium ruprechtii* Sa. Kurata

铁角蕨 *Asplenium trichomanes* Linn.

北京铁角蕨 *Asplenium pekinense* Hance

7. 蹄盖蕨科 Athyriaceae

羽节蕨属 *Gymnocarpitum* Newman

羽节蕨 *Gymnocarpium disjunctum* (Rupr.) Ching

蹄盖蕨属 *Athyrium* Roth

大叶假冷蕨 *Athyrium atkinsonii* Bedd.

麦秆蹄盖蕨 *Athyrium fallaciosum* Mild.

中华蹄盖蕨 *Athyrium sinense* Rupr.

对囊蕨属 *Deparia* Hook. et Grev.

陕西对囊蕨 *Deparia giraldii* (Christ) X. C. Zhang

河北对囊蕨 *Deparia vegetior* (Kitag.) X. C. Zhang

8. 岩蕨科 Woodsiaceae

岩蕨属 *Woodsia* R. Br.

耳羽岩蕨 *Woodsia polystichoides* Eaton

9. 鳞毛蕨科 Dryopteridaceae

贯众属 *Cyrtomium* Presl

贯众 *Cyrtomium fortunei* J. Sm.

鳞毛蕨属 *Dryopteris* Adans

华北鳞毛蕨 *Dryopteris goeringiana* (Ktze.) Koidz.

耳蕨属 *Polystichum* Roth

华北耳蕨 *Polystichum craspedosorum* (Maxim.) Diels

10. 水龙骨科 Polypodiaceae

水龙骨属 *Polypodium* Linn.

中华水龙骨 *Polypodiodes chinensis* (Christ) S. G.

瓦韦属 *Lepisorus* Ching

网眼瓦韦 *Lepisorus clathratus* (Clarke) Ching

槲蕨属 *Drynaria* J. Sm.

秦岭槲蕨 *Drynaria baronii* (Christ) Diels

石韦属 *Pyrrosia* Mirbel

华北石韦 *Pyrrosia davidii* (Bak.) Ching

有柄石韦 *Pyrrosia petiolasa* (Christ) Ching

11. 槐叶苹科 Salviniaceae

槐叶苹属 *Salvinia* Adans.

槐叶苹 *Salvinia natans* (Linn.) All.

附录 II 陕西延安黄龙山褐马鸡国家级自然保护种子植物名录

一、裸子植物 Gymnosopermae

1. 松科 Pinaceae
落叶松属 *Larix* Mill.
华北落叶松 *Larix gmelinii* var. *principis - rupprechtii* (Mayr) Pilg.（引种）
松属 *Pinus* Linn.
华山松 *Pinus armandii* Franch.（引种）
白皮松 *Pinus bungeana* Zucc. et Endl.
油松 *Pinus tabuliformis* Carr.

2. 柏科 Cupressaceae
侧柏属 *Platycladus* Spach.
侧柏 *Platycladus orientalis* (Linn.) Endl.
刺柏属 *Juniperus* Linn.
刺柏* *Juniperus formosana* Hayata

3. 麻黄科 Ephedraceae
麻黄属 *Ephedra* Linn.
草麻黄 *Ephedra sinica* Stapf

二、被子植物 Angiospermae

（一）双子叶植物 Dicotyledoneae

4. 金粟兰科* *Chloranthaceae*
金粟兰属** *Chloranthus* Swartz
银线草* *Chloranthus japonicus* Sieb.

5. 杨柳科 Salicaceae
杨属 *Populus* Linn.
山杨 *Populus davidiana* Dode
小叶杨 *Populus simonii* Carr.
柳属 *Salix* Linn.

*** 表示新纪录科；** 表示新纪录属；* 表示新纪录种

黄花柳 *Salix caprea* Linn.
乌柳 *Salix cheilophila* Schneid.
宽叶翻白柳 *Salix hypoleuca* var. *platyphylla* Schneid.
黄龙柳 *Salix liouana* C. Wang et C. Y. Yang
旱柳 *Salix matsudana* Koidz.
中国黄花柳 *Salix sinica*（Hao）C. Wang et C. F. Fang
红皮柳 *Salix sinopurpurea* C. Wang et C. Y. Yu
皂柳 *Salix wallichiana* Anderss.

6. 胡桃科 Juglandaceae

胡桃属 *Juglans* Linn.

胡桃楸 *Juglans mandshurica* Maxim.
野核桃 *Juglans cathayensis* Dode
核桃（胡桃）*Juglans regia* Linn.（栽培）

7. 桦木科 Betulaceae

桦木属 *Betula* Linn.

白桦 *Betula platyphylla* Suk.

鹅耳枥属 *Carpinus* Linn.

千金榆* *Carpinus cordata* Bl.
鹅耳枥 *Carpinus turczaninowii* Hance
小叶鹅耳枥 *Carpinus stipulata* H. Winkl.

榛属 *Corylus* Linn.

榛 *Corylus heterophylla* Fisch. ex Trautv.

虎榛子属 *Ostryopsis* Decne.

虎榛子 *Ostryopsis davidiana*（Baill.）Decne.

8. 壳斗科 Fagaceae

栗属 *Castanea* Mill

板栗 *Castanea mollissima* Bl.

栎属 *Quercus* Linn.

麻栎 *Quercus acutissima* Carr.
槲栎 *Quercus aliena* Bl.
槲树 *Quercus dentata* Thunb.
辽东栎 *Quercus wutaishanica* Mayr
栓皮栎 *Quercus variabilis* Bl.

9. 榆科 Ulmaceae

朴属 *Celtis* Linn.

黑弹树（小叶朴）* *Celtis bungeana* Bl.
朴树（黄果朴）*Celtis sinensis* Pers.
大叶朴* *Celtis koraiensis* Nakai

刺榆属 *Hemiptelea* Planch.

刺榆 *Hemiptelea davidii*（Hance）Planch.

榆属 *Ulmus* Linn.

春榆 *Ulmus davidiana* var. *japonica* Nakai
旱榆（灰榆）*Ulmus glaucescens* Franch.

大果榆 *Ulmus macrocarpa* Hance

榔榆 *Ulmus parvifolia* Jacq.

榆树 *Ulmus pumila* Linn.

10. 桑科 Moraceae

构树属 *Broussonetia* L'Herit. ex Vent.

构树 *Broussonetia papyrifera*（Linn.）L'Herit. ex Vent.

柘属 *Maclura* Nutt.

柘（柘树）*Maclura tricuspidata* Carr.

桑属 *Morus* Linn.

桑树 *Morus alba* Linn.

鸡桑 *Morus australis* Poir.

华桑* *Morus cathayana* Hemsl.

11. 大麻科 Cannabaceae

葎草属 *Humulus* Linn.

啤酒花 *Humulus lupulus* Linn.

葎草 *Humulus scandens*（Lour.）Merr.

12. 荨麻科 Urticaceae

苎麻属 *Boehmeria* Jacq.

赤麻 *Boehmeria silvestrii*（Pamp.）W. T. Wang

八角麻（悬铃叶苎麻）*Boehmeria tricuspis*（Hance）Makino

艾麻属 *Laportea* Gaud

艾麻 *Laportea cuspidata*（Wedd.）Friis

珠芽艾麻* *Laportea bulbifera*（Sieb. et Zucc.）Wedd.

墙草属 *Parietaria* Linn.

墙草 *Parietaria micrantha* Ledeb.

冷水花属 *Pilea* Lindl.

透茎冷水花 *Pilea pumila*（Linn.）A. Gray

荨麻属 *Urtica* Linn.

麻叶荨麻（焮麻、火麻、蝎子草）*Urtica cannabina* Linn.

宽叶荨麻* *Urtica laetevirens* Maxim.

13. 檀香科 Santalaceae

百蕊草属 *Thesium* Linn.

百蕊草 *Thesium chinense* Turcz.

急折百蕊草 *Thesium refractum* Mey.

14. 桑寄生科 Loranthaceae

桑寄生属 *Loranthus* Jacq.

北桑寄生 *Loranthus tanakae* Franch. et Sav.

槲寄生属 *Viscum* Linn.

槲寄生 *Viscum coloratum*（Kom.）Nakai

15. 马兜铃科 Aristolochiaceae

马兜铃属 *Aristolochia* Linn.

北马兜铃 *Aristolochia contorta* Bge.

16. 蓼科 Polygonaceae

荞麦属 *Fagopyrum* Gaertn.
细柄野荞 *Fagopyrum gracilipes*（Hemsl.）Damm.
苦荞 *Fagopyrum tataricum*（Linn.）Gaertn.
蓼属 *Polygonum* Linn.
萹蓄 *Polygonum aviculare* Linn.
水蓼 *Polygonum hydropiper* Linn.
马蓼（酸模叶蓼）*Polygonum lapathifolium* Linn.
绵毛马蓼（柳叶蓼）*Polygonum lapathifolium* var. *salicifolium* Sibth.
长鬃蓼 *Polygonum longisetum* Bruijn
尼泊尔蓼 *Polygonum nepalense* Meisn.
红蓼 *Polygonum orientale* Linn.
杠板归* *Polygonum perfoliatum* Linn.
丛枝蓼 *Polygonum posumbu* Buch.－Ham.
西伯利亚神血宁 *Polygonum sibiricum* Laxm.
支柱拳参 *Polygonum suffultum* Maxim.
香蓼* *Polygonum viscosum* Buch.－Ham. ex D. Don
珠芽拳参（珠芽蓼）* *Polygonum viviparum* Linn.
首乌属** *Fallopia* Adanson
木藤首乌* *Fallopia aubertii*（L. Henry）Holub
蔓首乌* *Fallopia convolvulus* Linn.
大黄属 *Rheum* Linn.
波叶大黄 *Rheum rhabarbarum* Linn.
酸模属 *Rumex* Linn.
酸模* *Rumex acetosa* Linn.
皱叶酸模 *Rumex crispus* Linn.
齿果酸模 *Rumex dentatus* Linn.
巴天酸模 *Rumex patientia* Linn.

17. 藜科 Chenopodiaceae

轴藜属 *Axyris* Linn.
轴藜 *Axyris amaranthoides* Linn.
藜属 *Chenopodium* Linn.
藜 *Chenopodium album* Linn.
杂配藜 *Chenopodium hybridum* Linn.
灰绿藜 *Chenopodium glaucum* Linn.
刺藜属 *Dysphania* R. Br.
刺藜* *Dysphania aristata*（Linn.）Mosyakin et Clemants
菊叶香藜 *Dysphania schraderiana*（Roem. et Schult.）Mosyakin et Clemants
地肤属 *Kochia* Roth.
地肤 *Kochia scoparia*（Linn.）Schrad.
猪毛菜属** *Salsola* Linn.
猪毛菜* *Salsola collina* Pall.
碱蓬属 *Suaeda* Forsk.
碱蓬 *Suaeda glauca* Bge.

18. 苋科 Amaranthaceae

苋属 *Amaranthus* Linn.

凹头苋 *Amaranthus blitum* Linn.

反枝苋 *Amaranthus retroflexus* Linn.

19. 商陆科 Phytolaccaceae

商陆属 *Phytolacca* Linn.

商陆 *Phytolacca acinosa* Roxb.

20. 马齿苋科 Portulacaceae

马齿苋属 *Portulaca* Linn.

马齿苋 *Portulaca oleracea* Linn.

21. 石竹科 Caryophyllaceae

无心菜属** *Arenaria* Linn.

无心菜* *Arenaria serpyllifolia* Linn.

卷耳属 *Cerastium* Linn.

卷耳* *Cerastium arvense* Linn.

簇生泉卷耳 *Cerastium fontanum* subsp. *triviale* (Murb.) Jalas.

石竹属 *Dianthus* Linn.

石竹 *Dianthus chinensis* Linn.

瞿麦* *Dianthus superbus* Linn.

石头花属** *Gypsophila* Linn.

细叶石头花* *Gypsophila licentiana* Hand. – Mzt.

长蕊石头花* *Gypsophila oldhamiana* Miquel

薄蒴草属** *Lepyrodiclis* Fenzl

薄蒴草* *Lepyrodiclis holosteoides* (C. A. Mey.) Fisch. et Mey.

鹅肠菜属 *Myosoton* Moench

鹅肠菜(牛繁缕) *Myosoton aquaticum* (Linn.) Moench

孩儿参属 *Pseudostellaria* Pax

蔓孩儿参 *Pseudostellaria davidii* (Franch.) Pax

漆姑草属 *Sagina* Linn.

漆姑草 *Sagina japonica* (Sw.) Ohwi

肥皂草属 *Saponaria* Linn.

肥皂草 *Saponaria officinalis* Linn. (逸生)

蝇子草属 *Silene* Linn.

女娄菜 *Silene aprica* Turcz. ex Fisch. et Mey.

疏毛女娄菜(坚硬女娄菜)* *Silene firma* Sieb. et Zucc.

狗筋蔓 *Silene baccifera* (Linn.) Roth

麦瓶草 *Silene conoidea* Linn.

鹤草(蝇子草、蚊子草) *Silene fortunei* Vis.

蔓茎蝇子草 *Silene repens* Patr.

石生蝇子草 *Silene tatarinowii* Regel

繁缕属 *Stellaria* Linn.

中国繁缕 *Stellaria chinensis* Regel

繁缕 *Stellaria media* (Linn.) Vill.

腺毛繁缕 *Stellaria nemorum* Linn.

沼生繁缕 *Stellaria palustris* Retz.

禾叶繁缕* *Stellaria graminea* Linn.

麦蓝菜属 *Vaccaria* Wolf

麦蓝菜(王不留行) *Vaccaria hispanica* (Mill.) Rausch.

22. 金鱼藻科*** Ceratophyllaceae

金鱼藻属 ** ***Ceratophyllum* Linn.**

金鱼藻* *Ceratophyllum demersum* Linn.

23. 木通科*** Lardizabalaceae

木通属 ** ***Akebia* Decne.**

三叶木通* *Akebia trifoliata* (Thunb.) Koidz.

24. 芍药科 Paeoniaceae

芍药属 *Paeonia* Linn.

芍药 *Paeonia lactiflora* Pall.

草芍药 *Paeonia obovata* Maxim.

紫斑牡丹 *Paeonia rockii* (S. G. Haw et Lauener) T. Hong et J. J. Li

25. 毛茛科 Ranunculaceae

乌头属 *Aconitum* Linn.

牛扁 *Aconitum barbatum* var. *puberlum* Ledeb.

西伯利亚乌头 *Aconitum barbatum* var. *hispidum* Ledeb.

乌头 *Aconitum carmichaelii* Debx.

松潘乌头* *Aconitum sungpanense* Hand. – Mazz.

类叶升麻属 ** ***Actaea* Linn.**

类叶升麻* *Actaea asiatica* H. Hara

银莲花属 *Anemone* Linn.

小花草玉梅 *Anemone rivularis* var. *flore – minore* Maxim.

大火草 *Anemone tomentosa* (Maxim.) Péi

耧斗菜属 *Aquilegia* Linn.

耧斗菜 *Aquilegia viridiflora* Pall.

华北耧斗菜 *Aquilegia yabeana* Kitag.

升麻属 ** ***Cimicifuga* Linn.**

升麻* *Cimicifuga foetida* Linn.

小升麻(金龟草)* *Cimicifuga japonica* (Thunb.) Spreng.

铁线莲属 *Clematis* Linn.

短尾铁线莲 *Clematis brevicaudata* DC.

灌木铁线莲 *Clematis fruticosa* Turcz.

粉绿铁线莲 *Clematis glauca* Willd.

粗齿铁线莲* *Clematis grandidentata* (Rehd. et E. H. Wilson) W. T. Wang

大叶铁线莲 *Clematis heracleifolia* DC.

棉团铁线莲 *Clematis hexapetala* Pall.

黄花铁线莲 *Clematis intricata* Bge.

秦岭铁线莲 *Clematis obscura* Maxim.

钝萼铁线莲 *Clematis peterae* Hand. – Mazz.

圆锥铁线莲(黄药子)*Clematis terniflora* DC.

翠雀属 *Delphinium* Linn.

翠雀 *Delphinium grandiflorum* Linn.

腺毛翠雀 *Delphinium grandiflorum* var. *gilgianum* (Pilg. ex Gilg) Finet et Gagnep.

冀北翠雀花(细须翠雀花)* *Delphinium siwanense* Franch

碱毛茛属 *Halerpestes* Green.

碱毛茛 *Halerpestes sarmentosa* (Adams) Kom. et Aliss.

白头翁属 *Pulsatilla* Adens.

白头翁 *Pulsatilla chinensis* (Bge.) Regel

毛茛属 *Ranunculus* Linn.

茴茴蒜 *Ranunculus chinensis* Bge.

毛茛 *Ranunculus japonicus* Thunb.

石龙芮 *Ranunculus sceleratus* Linn.

唐松草属 *Thalictrum* Linn.

贝加尔唐松草 *Thalictrum baicalense* Turcz.

东亚唐松草 *Thalictrum minus* var. *hypoleucum* (Sieb. et Zucc.) Miq.

短梗箭头唐松草 *Thalictrum simplex* var. *brevipes* H. Hara

瓣蕊唐松草* *Thalictrum petaloideum* Linn.

26. 小檗科 Berberidaceae

小檗属 *Berberis* Linn.

黄芦木(小檗) *Berberis amurensis* Rupr.

短柄小檗 *Berberis brachypoda* Maxim.

直穗小檗 *Berberis dasystachya* Maxim.

首阳小檗 *Berberis dielsiana* Fedde

延安小檗 *Berberis purdomii* Schneid.

陕西小檗* *Berberis shensiana* Ahrendt

淫羊藿属 *Epimedium* Linn.

淫羊藿 *Epimedium brevicornu* Maxim.

27. 防己科 Menispermaceae

蝙蝠葛属 *Menispermum* Linn.

蝙蝠葛 *Menispermum dauricum* DC.

28. 五味子科 Schisandraceae

五味子属 *Schisandra* Michx.

五味子(北五味子) *Schisandra chinensis* (Turcz.) Baill.

29. 樟科 Lauraceae

木姜子属 *Litsea* Lam.

木姜子 *Litsea pungens* Hemsl.

30. 罂粟科 Papaveraceae

白屈菜属 *Chelidonium* Linn.

白屈菜 *Chelidonium majus* Linn.

紫堇属 *Corydalis* DC.

地丁草 *Corydalis bungeana* Maxim.

紫堇 *Corydalis edulis* Maxim.

蛇果黄堇* *Corydalis ophiocarpa* Hook. f. et Thoms.
石生黄堇（岩黄连）* *Corydalis saxicola* Bunting
秃疮花属 Dicranostigma Hook. f. et. Thoms.
秃疮花 *Dicranostigma leptopodum* (Maxim.) Fedde
角茴香属 Hypecoum Linn.
角茴香 *Hypecoum erectum* Linn.
博落回属 Macleaya R. Br.
小果博落回 *Macleaya microcarpa* (Maxim.) Fedde

31. 十字花科 Cruciferae

南芥属 ** ***Arabis* Linn.**
小花南芥* *Arabis alpina* var. *parviflora* Franch.
硬毛南芥* *Arabis hirsuta* (Linn.) Scop.
垂果南芥* *Arabis pendula* Linn.
荠属 Capsella Medikus
荠 *Capsella bursa-pastoris* (Linn.) Medikus
离子芥属 Chorispora R. Br. ex DC.
离子芥 *Chorispora tenella* (Pall.) DC.
播娘蒿属 Descurainia Webb. et Berth.
播娘蒿 *Descurainia sophia* (Linn.) Webb. ex Prantl
花旗杆属 Dontostemon Andr. ex C. A. Mey.
小花花旗杆 *Dontostemon micranthus* C. A. Mey.
葶苈属 Draba Linn.
葶苈 *Draba nemorosa* Linn.
芝麻菜属 Eruca Mill.
芝麻菜 *Eruca vesicaria* subsp. *sativa* (Mill.) Thell.
糖芥属 Erysimum Linn.
糖芥* *Erysimum amurense* Kitag.
小花糖芥 *Erysimum cheiranthoides* Linn.
独行菜属 Lepidium Linn.
独行菜 *Lepidium apetalum* Willd.
宽叶独行菜 *Lepidium latifolium* Linn.
涩芥属 ** ***Malcolmia* R. Br.**
涩芥* *Malcolmia africana* (Linn.) R. Br.
蔊菜属 Rorippa Scop.
蔊菜 *Rorippa indica* (Linn.) Hiern
沼生蔊菜 *Rorippa palustris* (Linn.) Bess.
无瓣蔊菜* *Rorippa dubia* (Pers.) H. Hara
菥蓂属 Thlaspi Linn.
菥蓂 *Thlaspi arvense* Linn.

32. 景天科 Crassulaceae

八宝属 Hylotelephium H. Ohba
八宝* *Hylotelephium erythrostictum* (Miq.) H. Ohba.
轮叶八宝 *Hylotelephium verticillatum* (Linn.) H. Ohba.

瓦松属 *Orostachys* **Fisch.**
瓦松 *Orostachys fimbriata* (Turcz.) Berger
费菜属 *Phedimus* **Rafin.**
费菜 *Phedimus aizoon* (Linn.) t Hart
狭叶费菜* *Phedimus aizoon* var. *yamatutae* (Kitag.) H. Ohba et al.
乳毛费菜* *Phedimus aizoon* var. *scabrus* (Maxim.) H. Ohba et al.
景天属 *Sedum* **Linn.**
平叶景天(狗牙瓣) *Sedum planifolium* K. T. Fu
垂盆草(豆瓣菜、狗牙瓣、佛甲草) *Sedum sarmentosum* Bge.
火焰草(繁缕叶景天) *Sedum stellariifolium* Franch.

33. 虎耳草科 Saxifragaceae
落新妇属 *Astilbe* **Buch. - Ham.**
落新妇(红升麻) *Astilbe chinensis* (Maxim.) Franch. et. Savat.
金腰属** *Chrysosplenium* **Linn.**
毛金腰* *Chrysosplenium pilosum* Maxim.
中华金腰* *Chrysosplenium sinicum* Maxim.
大叶金腰* *Chrysosplenium macrophyllum* Oliv.
溲疏属 *Deutzia* **Thunb.**
大花溲疏 *Deutzia grandiflora* Bge.
小花溲疏* *Deutzia parviflora* Bge.
绣球属 *Hydrangea* **Linn.**
东陵绣球 *Hydrangea bretschneideri* Dipp.
挂苦绣球 *Hydrangea xanthoneura* Diels
梅花草属** *Parnassia* **Linn.**
细叉梅花草* *Parnassia oreophila* Hance.
扯根菜属 *Penthorum* **Linn.**
扯根菜 *Penthorum chinense* Pursh
山梅花属 *Philadelphus* **Linn.**
山梅花 *Philadelphus incanus* Koehne
太平花 *Philadelphus pekinensis* Rupr.
茶藨子属 *Ribes* **Linn.**
糖茶藨子 *Ribes himalense* Royle ex Decne.
瘤糖茶藨子 *Ribes himalense* var. *verruculosum* (Rehd.) L. T. Lu
华西茶藨子* *Ribes maximowiczii* Batal.
美丽茶藨子 *Ribes pulchellum* Turcz.

34. 蔷薇科 Rosaceae
龙芽草属 *Agrimonia* **Linn.**
龙芽草 *Agrimonia pilosa* Ledeb.
黄龙尾* *Agrimonia pilosa* var. *nepalensis* (D. Don) Nakai.
桃属 *Amygdalus* **Linn.**
山桃 *Amygdalus davidiana* (Carr.) Fr.
陕甘山桃 *Amygdalus davidiana* var. *potaninii* (Batal.) T. T. Yu et L. T. Lu
甘肃桃 *Amygdalus kansuensis* (Rehd.) Skeels

杏属 Armeniaca Mill.
山杏 *Armeniaca sibirica* (Linn.) Lam.
毛杏 *Armeniaca sibirica* var. *pubescens* Kost.
野杏 *Armeniaca vulgaris* var. *ansu* (Maxim.) Yü et Lu

樱属 Cerasus Mill.
毛叶欧李 *Cerasus dictyoneura* (Diels) Holub
多毛樱桃 *Cerasus polytricha* (koehne) Yu et Li
毛樱桃 *Cerasus tomentosa* (Thunb.) Wall.

栒子属 Cotoneaster B. Ehrhart.
灰栒子 *Cotoneaster acutifolius* Turcz.
毛灰栒子(密毛灰栒子)* *Cotoneaster acutifolius* var. *villosulus* Rehd. et Wils.
细弱栒子 *Cotoneaster gracilis* Rehd. et Wils.
水栒子 *Cotoneaster multiflorus* Bge.
毛叶水栒子 *Cotoneaster submultiflorus* Popov
西北栒子 *Cotoneaster zabelii* Schneid.

山楂属 Crataegus Linn.
湖北山楂 *Crataegus hupehensis* Sarg.
甘肃山楂 *Crataegus kansuensis* Wils.
橘红山楂* *Crataegus aurantia* Pojark.
山楂 *Crataegus pinnatifida* Bge.

蛇莓属 Duchesnea Juglans E. Smith
蛇莓 *Duchesnea indica* (Andr.) Focka
白鹃梅属** *Exochorda* Lindl.
红柄白鹃梅* *Exochorda giraldii* Hesse.

草莓属 Fragaria Linn.
东方草莓 *Fragaria orientalis* Lozinsk.
野草莓 *Fragaria vesca* Linn.

路边青属 Geum Linn.
路边青 *Geum aleppicum* Jacq.

苹果属 Malus Mill.
山荆子 *Malus baccata* (Linn.) Borkh.
湖北海棠 *Malus hupehensis* (Pamp.) Rehd.
河南海棠 *Malus honanensis* Rehd.
陇东海棠 *Malus kansuensis* (Batal.) Schneid.
毛山荆子 *Malus manshurica* (Maxim.) Kom.
楸子(海棠果)* *Malus prunifolia* (Willd.) Borkh.
花叶海棠 *Malus transitoria* (Batal.) Schneid.

委陵菜属 Potentilla Linn.
蕨麻(鹅绒委陵菜) *Potentilla anserina* Linn.
二裂委陵菜 *Potentilla bifurca* Linn.
委陵菜 *Potentilla chinensis* Ser.
翻白草 *Potentilla discolor* Bge.
三叶委陵菜 *Potentilla freyniana* Bornm.

多茎委陵菜 *Potentilla multicaulis* Bge.

多裂委陵菜* *Potentilla multifida* Linn.

绢毛匍匐委陵菜* *Potentilla reptans* var. *sericophylla* Franch.

西山委陵菜* *Potentilla sischanensis* Bge. et Lehm.

朝天委陵菜* *Potentilla supina* Linn.

扁核木属 Prinsepia Royle

蕤核 *Prinsepia uniflora* Batal.

稠李属 Padus Mill.

稠李* *Padus avium* Mill.

北亚稠李 *Padus avium* var. *asiatica*（Kom.）T. C. Ku et B. Barth.

李属 Prunus Linn.

李 *Prunus salicina* Lindl.

梨属 Pyrus Linn.

杜梨 *Pyrus betulifolia* Bge.

木梨（野梨）* *Pyrus xerophila* T. T. Yu

蔷薇属 Rosa Linn.

陕西蔷薇 *Rosa giraldii* Crep.

黄蔷薇 *Rosa hugonis* Hemsl.

钝叶蔷薇 *Rosa sertata* Rolfe

扁刺蔷薇* *Rosa sweginzowii* Koehne

黄刺玫 *Rosa xanthina* Lindl.

单瓣黄刺玫 *Rosa xanthina* f. *normalis* Rehd. et Wils.

悬钩子属 Rubus Linn.

牛叠肚* *Rubus crataegifolius* Bge.

喜阴悬钩子 *Rubus mesogaeus* Focke

茅莓 *Rubus parvifolius* Linn.

腺花茅莓 *Rubus parvifolius* var. *adenochlamys*（Focke）Migo

菰帽悬钩子 *Rubus pileatus* Focke

地榆属 Sanguisorba Linn.

地榆 *Sanguisorba officinalis* Linn.

花楸属 ** *Sorbus* **Linn.**

湖北花楸* *Sorbus hupehensis* C. K. Schneid.

绣线菊属 Spiraea Linn.

耧斗菜叶绣线菊 *Spiraea aquilegiifolia* Pall.

绣球绣线菊 *Spiraea blumei* G. Don

大叶华北绣线菊 *Spiraea fritschiana* var. *angulata*（Fritsch ex Schneid.）Rehd.

蒙古绣线菊 *Spiraea mongolia* Maxim.

土庄绣线菊 *Spiraea pubescens* Turcz.

三裂绣线菊 *Spiraea trilobata* Linn.

35. 豆科 Fabaceae

紫穗槐属 Amorpha Linn.

紫穗槐 *Amorpha fruticosa* Linn.（栽培或归化）

两型豆属 Amphicarpaea Ell. ex Nutt.

两型豆 *Amphicarpaea edgeworthii* Benth.

黄耆属 Astragalus Linn.

地八角（土牛膝）* *Astragalus bhotanensis* Bak.

达乌里黄耆（兴安黄耆）*Astragalus dahuricus*（Pall.）DC.

鸡峰山黄耆 *Astragalus kifonsanicus* Ulbr.

斜茎黄耆（直立黄耆、沙大旺）*Astragalus laxmannii* Jacq.

草木樨状黄耆 *Astragalus melilotoides* Pall.

糙叶黄耆 *Astragalus scaberrimus* Bge.

小米黄耆* *Astragalus satoi* Kitagawa

蒙古黄耆* *Astragalus mongholicus* Bge.

乳白花黄耆* *Astragalus galactites* Pall.

膨果豆属 ** ***Phyllolobium* Fisch.**

背扁膨果豆* *Phyllolobium chinense* Fisch.

杭子梢属 Campylotropis Bge.

杭子梢 *Campylotropis macrocarpa*（Bge.）Rehd.

锦鸡儿属 Caragana Fabr.

树锦鸡儿* *Caragana arborescens* Lam.

毛掌叶锦鸡儿 *Caragana leveillei* Kom.

秦晋锦鸡儿（延安锦鸡儿）*Caragana purdomii* Rehd.

红花锦鸡儿 *Caragana rosea* Turcz. ex Maxim.

秦岭锦鸡儿 *Caragana shensiensis* C. W. Chang.

柄荚锦鸡儿 *Caragana stipitata* Kom.

皂荚属 Gleditsia Linn.

皂荚 *Gleditsia sinensis* Lam.

大豆属 Glycine Linn.

野大豆 *Glycine soja* Sieb. et Zucc.

甘草属 Glycyrrhiza Linn.

甘草 *Glycyrrhiza uralensis* Fisch.

米口袋属 Gueldenstedtia Fisch.

少花米口袋（米口袋、狭叶米口袋）*Gueldenstaedtia verna*（Georg.）Boriss.

长柄山蚂蝗属 ** ***Hylodesmum* H. Ohashi et R. R. Mill**

长柄山蚂蝗* *Hylodesmum podocarpum*（DC.）H. Ohashi et R. R. Mill

木蓝属 Indigofera Linn.

河北木蓝（铁扫帚）*Indigofera bungeana* Walp.

多花木蓝 *Indigofera amblyantha* Craib

鸡眼草属 Kummerowia Schindl.

长萼鸡眼草（掐不齐）*Kummerowia stipulacea*（Maxim.）Makino

鸡眼草（掐不齐）* *Kummerowia striata*（Thunb.）Schindl.

山黧豆属 Lathyrus Linn.

大山黧豆* *Lathyrus davidii* Hance

牧地山黧豆 *Lathyrus pratensis* Linn.

山黧豆 *Lathyrus quinquenervius*（Miq.）Litv.

胡枝子属 Lespedeza Michx.

胡枝子 *Lespedeza bicolor* Turcz.
长叶铁扫帚* *Lespedeza caraganae* Bge.
截叶铁扫帚 *Lespedeza cuneata* (Dum. – Cours.) G. Don
短梗胡枝子* *Lespedeza cyrtobotrya* Miq.
兴安胡枝子(达乌里胡枝子)*Lespedeza davurica* (Laxm.) Schindl.
多花胡枝子 *Lespedeza floribunda* Bge.
美丽胡枝子 *Lespedeza thunbergii* subsp. *formosa* (Vogel) H. Ohashi
阴山胡枝子(白指甲花)*Lespedeza inschanica* (Maxim.) Schindl.
绒毛胡枝子(山豆花)*Lespedeza tomentosa* (Thunb.) Sieb. ex Maxim.

苜蓿属 Medicago Linn.

天蓝苜蓿 *Medicago lupulina* Linn.
小苜蓿 *Medicago minima* (Linn.) Grufb.
花苜蓿(扁蓿豆) *Medicago ruthenica* (Linn.) Trautv.

草木樨属 Melilotus Mill.

草木樨 *Melilotus officinalis* (Linn.) Lam.
白花草木樨* *Melilotus albus* Med.

棘豆属 Oxytropis DC.

地角儿苗(二色棘豆)*Oxytropis bicolor* Bge.
米口袋状棘豆* *Oxytropis gueldenstaedtioides* Ulbr.
硬毛棘豆(毛棘豆)*Oxytropis hirta* Bge.
窄膜棘豆 *Oxytropis moellendorffii* Bge. ex Maxim.
多叶棘豆(狐尾藻棘豆)* *Oxytropis myriophylla* (Pall.) DC.

葛藤属 Pueraria DC.

葛藤 *Pueraria montana* (Lour.) Merr.

刺槐属 Robinia Linn.

刺槐 *Robinia pseudoacacia* Linn.(栽培或归化)

苦马豆属 Sphaerophysa DC.

苦马豆(羊尿泡) *Sphaerophysa salsula* (Pall.) DC.

槐属 Sophora Linn.

苦豆子 *Sophora alopecuroides* Linn.
苦参 *Sophora flavescens* Ait.
槐(国槐)*Sophora japonica* Linn.
白刺花(狼牙刺)*Sophora davidii* (Franch.) Skeels

野决明属 Thermopsis R. Br.

披针叶黄花 *Thermopsis lanceolata* R. Br.

野豌豆属 Vicia Linn.

山野豌豆 *Vicia amoena* Fisch.
大花野豌豆(三齿野豌豆)*Vicia bungei* Ohwi
广布野豌豆 *Vicia cracca* Linn.
大叶野豌豆 *Vicia pseudo - orobus* Fisch. et Mey.
野豌豆* *Vicia sepium* Linn.
大野豌豆 *Vicia sinogigantea* B. J. Bao et Turland
歪头菜 *Vicia unijuga* A. Br.

紫藤属 *Wisteria* Nutt.

紫藤 *Wisteria sinensis* (Sims) Sweet.

36. 酢浆草科 Oxalidaceae

酢浆草属 *Oxalis* Linn.

酢浆草 *Oxalis corniculata* Linn.

37. 牻牛儿苗科 Geraniaceae

牻牛儿苗属 *Erodium* L'Her. ex Aiton

牻牛儿苗（太阳花）*Erodium stephanianum* Willd.

老鹳草属 *Geranium* Linn.

粗根老鹳草 *Geranium dahuricum* DC.

毛蕊老鹳草* *Geranium platyanthum* Duth.

鼠掌老鹳草 *Geranium sibiricum* Linn.

老鹳草* *Geranium wilfordii* Maxim.

38. 亚麻科 Linaceae

亚麻属 *Linum* Linn.

宿根亚麻* *Linum perenne* Linn.

野亚麻 *Linum stelleroides* Planch.

39. 蒺藜科 Zygophyllaceae

蒺藜属 *Tribulus* Linn.

蒺藜 *Tribulus terrestris* Linn.

40. 芸香科 Rutaceae

黄檗属** *Phellodendron* Rupr.

黄檗* *Phellodendron amurense* Rupr.

四数花（吴茱萸）属 *Tetradium* Lour.

臭檀吴萸（臭檀）*Tetradium daniellii* (Benn.) Hartl.

花椒属 *Zanthoxylum* Linn.

花椒 *Zanthoxylum bungeanum* Maxim.

41. 苦木科 Simaroubaceae

臭椿属 *Ailanthus* Desf.

臭椿 *Ailanthus altissima* (Mill.) Swingle

苦木属 *Picrasma* Bl.

苦树（苦木）*Picrasma quassioides* (D. Don) Benn.

42. 楝科 Meliaceae

香椿属 *Toona* Roem.

香椿 *Toona sinensis* (A. Juss.) Roem.

43. 远志科 Polygalaceae

远志属 *Polygala* Linn.

西伯利亚远志 *Polygala sibirica* Linn.

远志 *Polygala tenuifolia* Willd.

44. 大戟科 Euphorbiaceae

铁苋菜属 *Acalypha* Linn.

铁苋菜 *Acalypha australis* Linn.

苞裂铁苋菜* *Acalypha supera* Forsskal

大戟属 *Euphorbia* Linn.
乳浆大戟 *Euphorbia esula* Linn.
泽漆 *Euphorbia helioscopia* Linn.
地锦 *Euphorbia humifusa* Willd.
甘遂 *Euphorbia kansui* T. N. Liou ex S. B. Ho
大戟 *Euphorbia pekinensis* Rupr.
白饭树属 *Flueggea* Willd.
一叶萩(叶底珠) *Flueggea suffruticosa* (Pall.) Baill.
雀舌木属** *Leptopus* Decne.
雀儿舌头(黑构叶)* *Leptopus chinensis* (Bge.) Pojark.
地构叶属 *Speranskia* Baill.
地构叶 *Speranskia tuberculata* (Bge.) Baill.

45. 漆树科 Anacardiaceae
黄栌属 *Cotinus* Mill.
毛黄栌 *Cotinus coggygria* var. *pubescens* Engl.
黄连木属 *Pistacia* Linn.
黄连木 *Pistacia chinensis* Bge.
盐肤木属 *Rhus* Linn.
青肤杨 *Rhus potaninii* Maxim.
漆树属 *Toxicodendron* (Tourn.) Mill.
漆树 *Toxicodendron vernicifluum* (Stokes) F. A. Barkley

46. 卫矛科 Celastraceae
南蛇藤属 *Celastrus* Linn.
苦皮藤 *Celastrus angulatus* Maxim.
南蛇藤 *Celastrus orbiculatus* Thunb.
短梗南蛇藤 *Celastrus rosthornianus* Loes.
卫矛属 *Euonymus* Linn.
卫矛 *Euonymus alatus* (Thunb.) Sieb.
白杜(丝棉木、华北卫矛) *Euonymus maackii* Rupr.
栓翅卫矛 *Euonymus phellomanus* Loes.

47. 省沽油科*** Staphyleaceae
省沽油属** *Staphylea* Linn.
膀胱果* *Staphylea holocarpa* Hemsl.

48. 槭树科 Aceraceae
枫属 *Acer* Linn.
青榨枫 *Acer davidii* Franch.
五角枫 *Acer pictum* subsp. *mono* (Maxim.) H. Ohashi
细裂枫 *Acer pilosum* var. *stenolobum* (Rehd.) W. P. Fang.
茶条枫 *Acer tataricum* subsp. *ginnala* (Maxim.) Wesm.
元宝枫 *Acer truncatum* Bge.

49. 无患子科 Sapindaceae
栾树属 *Koelreuteria* Laxm.
栾树 *Koelreuteria paniculata* Laxm.

文冠果属 *Xanthoceras* Bge.

文冠果 *Xanthoceras sorbifolium* Bge.

50. 清风藤科*** Sabiaceae

泡花树属** *Meliosma* Bl.

泡花树* *Meliosma cuneifolia* Franch.

51. 凤仙花科 Balsaminaceae

凤仙花属 *Impatiens* Linn.

水金凤 *Impatiens noli–tangere* Linn.

52. 鼠李科 Rhamnaceae

枳椇属 *Hovenia* Thunb.

北枳椇(拐枣)*Hovenia dulcis* Thunb.

鼠李属 *Rhamnus* Linn.

锐齿鼠李 *Rhamnus arguta* Maxim.

柳叶鼠李(黑疙瘩)* *Rhamnus erythroxylum* Pall.

黑桦树* *Rhamnus maximovicziana* J. J. Vass.

小叶鼠李 *Rhamnus parvifolia* Bge.

冻绿(鼠李)* *Rhamnus utilis* Decne.

雀梅藤属 *Sageretia* Brongn.

少脉雀梅藤(对节木)*Sageretia paucicostata* Maxim.

枣属 *Zizyphus* Mill.

酸枣 *Zizyphus jujuba* var. *spinosa* (Bge.) Hu ex H. F. Chow

53. 葡萄科 Vitaceae

蛇葡萄属 *Ampelopsis* Michx.

乌头叶蛇葡萄 *Ampelopsis aconitifolia* Bge.

掌裂草葡萄 *Ampelopsis aconitifolia* var. *palmiloba* (Carr.) Rehd.

蓝果蛇葡萄* *Ampelopsis bodinieri* (Levl. et Vant.) Rehd.

葎叶蛇葡萄* *Ampelopsis humulifolia* Bge.

葡萄属 *Vitis* Linn.

变叶葡萄(复叶葡萄)*Vitis piasezkii* Maxim.

毛葡萄 *Vitis heyneana* Roem. et Schult.

54. 椴树科 Tiliaceae

扁担杆属 *Grewia* Linn.

小花扁担杆 *Grewia biloba* var. *parviflora* (Bge.) Hand.–Mzt.

椴树属 *Tilia* Linn.

少脉椴 *Tilia paucicostata* Maxim.

55. 锦葵科 Malvaceae

苘麻属 *Abutilon* Mill.

苘麻 *Abutilon theophrasti* Med.

木槿属 *Hibiscus* Linn.

光籽木槿* *Hibiscus leviseminus* M. G. Gilbert, Y. Tang et Dorr

野西瓜苗 *Hibiscus trionum* Linn.

锦葵属 *Malva* Linn.

圆叶锦葵(野锦葵)*Malva pusilla* Smith

野葵 *Malva verticillata* Linn.

56. 猕猴桃科*** Actinidiaceae
猕猴桃属 *Actinidia* Lindl.
软枣猕猴桃* *Actinidia arguta* (Sieb. et Zucc.) Planch. ex Miq.

57. 藤黄科 Clusiaceae
金丝桃属 *Hypericum* Linn.
黄海棠 *Hypericum ascyron* Linn.
赶山鞭(小金丝桃)* *Hypericum attenuatum* C. E. C. Fisch. ex Choisy

58. 堇菜科 Violaceae
堇菜属 *Viola* Linn.
鸡腿堇菜 *Viola acuminata* Ledeb.
球果堇菜(毛果堇菜)* *Viola collina* Bass.
裂叶堇菜 *Viola dissecta* Ledeb.
茜堇菜(白果堇菜) *Viola phalacrocarpa* Maxim.
紫花地丁 *Viola philippica* Cav.
早开堇菜* *Viola prionantha* Bge.
斑叶堇菜 *Viola variegata* Fisch. ex Link

59. 瑞香科 Thymelaeaceae
草瑞香属 *Diarthron* Turcz.
草瑞香 *Diarthron linifolium* Turcz.
荛花属 *Wikstroemia* Endl.
河朔荛花(羊厌厌) *Wikstroemia chamaedaphne* (Bge.) Meisn.

60. 胡颓子科 Elaeagnaceae
胡颓子属 *Elaeagnus* Linn.
牛奶子 *Elaeagnus umbellata* Thunb.
沙棘属 *Hippophae* Linn.
中国沙棘 *Hippophae rhamnoides* subsp. *sinensis* Rousi

61. 小二仙草科*** Haloragaceae
狐尾藻属* *Myriophyllum* Linn.
狐尾藻* *Myriophyllum verticillatum* Linn.

62. 千屈菜科 Lythraceae
千屈菜属 *Lythrum* Linn.
千屈菜 *Lythrum salicaria* Linn.

63. 八角枫科 Alangiaceae
八角枫属 *Alangium* Lam.
八角枫 *Alangium chinense* (Lour.) Harms

64. 柳叶菜科 Onagraceae
柳兰属 *Chamerion* (Raf.) Raf. ex Holub
柳兰 *Chamerion angustifolium* (Linn.) Holub
柳叶菜属 *Epilobium* Linn.
柳叶菜 *Epilobium hirsutum* Linn.
沼生柳叶菜 *Epilobium palustre* Linn.
毛脉柳叶菜* *Epilobium amurense* Hausskn.

露珠草属 *Circaea* Linn.

高山露珠草* *Circaea alpina* Linn.

露珠草 *Circaea cordata* Royle

65. 五加科 Araliaceae

五加属 *Eleutherococcus* Maxim.

短柄五加 *Eleutherococcus brachypus*（Harms）Nakai

红毛五加 *Eleutherococcus giraldii*（Harms）Nakai

倒卵叶五加* *Acanthopanax obovatus* Hoo

楤属 *Aralia* Linn.

楤木 *Aralia chinensis* Linn.

刺楸属 *Kalopanax* Miq.

刺楸 *Kalopanax septemlobus*（Thunb.）Koidz.

66. 伞形科 Apiaceae

当归属 *Angelica* Linn.

白芷 *Angelica dahurica*（Fisch. ex Hoffm.）Benth. et Hook. f. ex Franch. et Sav.

拐芹* *Angelica polymorpha* Maxim.

秦岭当归 *Angelica tsinlingensis* K. T. Fu

峨参属 *Anthriscus* Hoffm.

峨参 *Anthriscus sylvestris*（Linn.）Hoffm.

柴胡属 *Bupleurum* Linn.

北柴胡（竹叶柴胡）*Bupleurum chinense* DC.

红柴胡（狭叶柴胡）*Bupleurum scorzonerifolium* Willd.

银州柴胡 *Bupleurum yinchowense* R. H. Shan et Y. Li

葛缕子属 *Carum* Linn.

田葛缕子 *Carum buriaticum* Turcz.

毒芹属 *Cicuta* Linn.

毒芹 *Cicuta virosa* Linn.

蛇床属 *Cnidium* Cuss.

蛇床（山胡萝卜）*Cnidium monnieri*（Linn.）Cuss.

鸭儿芹属 *Cryptotaenia* DC.

鸭儿芹（鸭脚板）*Cryptotaenia japonica* Hasskarl

胡萝卜属 *Daucus* Linn.

野胡萝卜 *Daucus carota* Linn.

水芹属 *Oenanthe* Linn.

水芹（野芹菜）*Oenanthe javanica*（Bl.）DC.

山芹属 *Ostericum* Hoffm.

大齿山芹（大齿当归）*Ostericum grosseserratum*（Maxim.）Kitag.

前胡属 *Peucedanum* Linn.

前胡 *Peucedanum praeruptorum* Dunn

变豆菜属 *Sanicula* Linn.

变豆菜 *Sanicula chinensis* Bge.

防风属 *Saposhnikovia* Schischk.

防风 *Saposhnikovia divaricata*（Turcz.）Schischk.

迷果芹属 **Sphallerocarpus** Bess.

迷果芹(小叶山胡萝卜) *Sphallerocarpus gracilis*(Bess. ex Trev.)Koso – Poljansky

窃衣属 **Torilis** Adans.

小窃衣(破子草) *Torilis japonica*(Houtt.)DC.

67. 山茱萸科 Cornaceae

山茱萸属 **Cornus** Linn.

红瑞木 *Cornus alba* Linn.

沙梾 *Cornus bretschneideri* L. Henry

红椋子* *Cornus hemsleyi* C. K. Schneid. et Wanger.

四照花* *Cornus kousa* subsp. *chinensis*(Osborn)Q. Y. Xiang

毛梾 *Cornus walteri* Wanger.

68. 鹿蹄草科 Pyrolaceae

喜冬草属** **Chimaphila** Pursh

喜冬草* *Chimaphila japonica* Miq.

水晶兰属 **Monotropa** Linn.

松下兰 *Monotropa hypopitys* Linn.

69. 报春花科 Primulaceae

点地梅属 **Androsace** Linn.

点地梅 *Androsace umbellata*(Lour.)Merr.

海乳草属 **Glaux** Linn.

海乳草 *Glaux maritima* Linn.

珍珠菜属 **Lysimachia** Linn.

虎尾草(狼尾花) *Lysimachia barystachys* Bge.

狭叶珍珠菜 *Lysimachia pentapetala* Bge.

报春花属 **Primula** Linn.

胭脂花 *Primula maximowiczii* Regel

70. 白花丹科 Plumbaginaceae

补血草属 **Limonium** Mill.

二色补血草 *Limonium bicolor*(Bge.)Kuntze

71. 柿树科 Ebenaceae

柿树属 **Diospyros** Linn.

君迁子 *Diospyros lotus* Linn.

72. 安息香科*** Styracaceae

安息香属** **Styrax** Linn.

老鸹铃* *Styrax hemsleyanus* Diels

73. 木樨科 Oleaceae

连翘属 **Forsythia** Vahl.

连翘 *Forsythia suspensa*(Thunb.)Vahl.

白蜡树属 **Fraxinus** Linn.

宿柱梣* *Fraxinus stylosa* Lingelsh.

白蜡树 *Fraxinus chinensis* Roxburgh

花曲柳(大叶白蜡树) *Fraxinus chinensis* subsp. *rhynchophylla*(Hance)E. Murray

迎春花属 **Jasminum** Linn.

迎春花 *Jasminum nudiflorum* Lindl.

丁香属 *Syringa* Linn.

紫丁香(华北紫丁香)*Syringa oblata* Lindl.

北京丁香 *Syringa reticulata* subsp. *pekinensis* (Rupr.) P. S. Green et M. C. Chang

巧玲花(毛丁香)* *Syringa pubescens* Turcz.

小叶巧玲花(小叶丁香)*Syringa pubescens* subsp. *microphylla* (Diels) M. C. Chang et X. L. Chen

流苏树属 * **Chionanthus* Linn.**

流苏树* *Chionanthus retusus* Lindl. et Paxt.

74. 马钱科 Loganiaceae

醉鱼草属 *Buddleja* Linn.

互叶醉鱼草 *Buddleja alternifolia* Maxim.

75. 龙胆科 Gentianaceae

百金花属 * ***Centaurium* Hill.**

百金花* *Centaurium pulchellum* var. *altaicum* (Griseb.) Kitag. et Hara.

龙胆属 *Gentiana* Linn.

达乌里秦艽 *Gentiana dahurica* Fisch.

秦艽 *Gentiana macrophylla* Pall.

鳞叶龙胆 *Gentiana squarrosa* Ledeb.

扁蕾属 *Gentianopsis* Ma

扁蕾 *Gentianopsis barbata* (Froel.) Ma

湿生扁蕾* *Gentianopsis paludosa* (Munro ex Hook. f.) Ma

花锚属 *Halenia* Borckh.

椭圆叶花锚 *Halenia elliptica* D. Don

翼萼蔓属 *Pterygocalyx* Maxim.

翼萼蔓 *Pterygocalyx volubilis* Maxim.

獐牙菜属 *Swertia* Linn.

獐牙菜 *Swertia bimaculata* (Sieb. et Zucc.) Hook. f. et Thoms.

北方獐牙菜 *Swertia diluta* (Turcz.) Benth. et Hook. f.

76. 睡菜科*** Menyanthaceae

荇菜属 * ***Nymphoides* Seg.**

荇菜* *Nymphoides peltata* (S. G. Gmelin) Ktze.

77. 夹竹桃科 Apocynaceae

罗布麻属 *Apocynum* Linn.

罗布麻 *Apocynum venetum* Linn.

78. 萝藦科 Asclepiadaceae

鹅绒藤属 *Cynanchum* Linn.

牛皮消 *Cynanchum auriculatum* Royle ex Wight

白首乌 *Cynanchum bungei* Decne.

鹅绒藤 *Cynanchum chinense* R. Br.

华北白前 *Cynanchum mongolicum* (Maxim.) Hemsl.

竹灵消 *Cynanchum inamoenum* (Maxim.) Loes.

地梢瓜 *Cynanchum thesioides* (Freyn) K. Schum.

萝藦属 *Metaplexis* R. Br.

萝藦 *Metaplexis japonica* (Thunb.) Makino

杠柳属 *Periploca* Linn.

杠柳 *Periploca sepium* Bge.

79. 旋花科 Convolvulaceae

打碗花属 *Calystegia* R. Br.

打碗花 *Calystegia hederacea* Wall. ex Roxb.

藤长苗 *Calystegia pellita* (Ledeb.) G. Don.

篱打碗花 *Calystegia sepium* (Linn.) R. Br.

旋花属 *Convolvulus* Linn.

田旋花 *Convolvulus arvensis* Linn.

鱼黄草属 *Merremia* Dennst. ex. Endl.

北鱼黄草（西伯利亚鱼黄草）*Merremia sibirica* (Linn.) H. Hall

菟丝子属 *Cuscuta* Linn.

菟丝子 *Cuscuta chinensis* Lam.

日本菟丝子（金灯藤）*Cuscuta japonica* Choisy

80. 紫草科 Boraginaceae

斑种草属 *Bothriospermum* Bge.

斑种草 *Bothriospermum chinense* Bge.

狭苞斑种草 *Bothriospermum kusnezowii* Bge.

鹤虱属 *Lappula* V. Wolf.

鹤虱 *Lappula myosotis* V. Wolf.

紫草属 *Lithospermum* Linn.

田紫草（麦家公）*Lithospermum arvense* Linn.

紫草* *Lithospermum erythrorhizon* Sieb. et Zucc.

狼紫草属 *Lycopsis* Linn.

狼紫草 *Lycopsis orientalis* Linn.

聚合草属 *Symphytum* Linn.

聚合草 *Symphytum officinale* Linn.（逸生）

附地菜属 *Trigonotis* Stev.

附地菜 *Trigonotis peduncularis* (Trev.) Benth. ex S. Moore et Bake

81. 马鞭草科 Verbenaceae

莸属 *Caryopteris* Bge.

光果莸 *Caryopteris tangutica* Maxim.

三花莸* *Caryopteris terniflora* Maxim.

大青属 ** ***Clerodendrum* Linn.**

海州常山* *Clerodendrum trichotomum* Thunb.

马鞭草属 ** ***Verbena* Linn.**

马鞭草* *Verbena officinalis* Linn.

牡荆属 *Vitex* Linn.

荆条 *Vitex negundo* var. *heterophylla* (Franch.) Rehd.

82. 唇形科 Lamiaceae

藿香属 ** ***Agastache* Clay. ex Gron.**

藿香* *Agastache rugosa* (Fisch. et Mey.) Ktze.

筋骨草属 *Ajuga* Linn.
筋骨草 *Ajuga ciliata* Bge.
线叶筋骨草 *Ajuga linearifolia* Pamp.
水棘针属 *Amethystea* Linn.
水棘针 *Amethystea caerulea* Linn.
风轮菜属 *Clinopodium* Linn.
麻叶风轮菜(风车草)*Clinopodium urticifolium*(Hance)C. Y. Wu et Hsuan et H. W. Li
匍匐风轮菜* *Clinopodium repens*(Buch. – Ham. ex D. Don)Wall ex Benth
细风轮菜* *Clinopodium gracile*(Benth.)Matsum.
青兰属 *Dracocephalum* Linn.
香青兰 *Dracocephalum moldavica* Linn.
香薷属 *Elsholtzia* Willd.
香薷 *Elsholtzia ciliata*(Thunb.)Hyland
木香薷 *Elsholtzia stauntoni* Benth.
活血丹属 *Glechoma* Linn.
活血丹(连钱草)*Glechoma longituba*(Nakai)Kupr.
香茶菜属 *Isodon*(Schr. ex Benth.)Spach
溪黄草 *Isodon serra*(Maxim.)Kudo
显脉香茶菜* *Isodon nervosus*(Hemsley)Kudo
拟缺香茶菜* *Isodon excisoides*(Sun ex C. H. Hu)H. Hara
夏至草属 *Lagopsis*(Bge. ex Benth.)Bge.
夏至草 *Lagopsis supina*(Steph.)IK. – Gal. ex Knorr.
野芝麻属 *Lamium* Linn.
野芝麻 *Lamium barbatum* Sieb. et Zucc.
益母草属 *Leonurus* Linn.
益母草 *Leonurus japonicus* Houtt.
錾菜* *Leonurus pseudomacranthus* Kitagawa
地笋属 *Lycopus* Turcz.
地笋 *Lycopus lucidus* Turcz. ex Benth.
薄荷属 *Mentha* Linn.
薄荷 *Mentha haplocalyx* Briq.
荆芥属 *Nepeta* Linn.
荆芥 *Nepeta cataria* Linn.
裂叶荆芥 *Nepeta tenuifolia* Benth.
糙苏属 *Phlomis* Linn.
糙苏 *Phlomis umbrosa* Turcz.
夏枯草属 *Prunella* Linn.
夏枯草 *Prunella vulgaris* Linn.
鼠尾草属 *Salvia* Linn.
丹参 *Salvia miltiorrhiza* Bge.
荔枝草 *Salvia plebeia* R. Br.
荫生鼠尾草* *Salvia umbratica* Hance
黄芩属 *Scutellaria* Linn.

黄芩 *Scutellaria baicalensis* Georgi
半枝莲 *Scutellaria barbata* D. Don
水苏属 Stachys Linn.
华水苏 *Stachys chinensis* Bge. ex Benth.
甘露子（地蚕）*Stachys sieboldii* Miq.

83. 茄科 Solanaceae
曼陀罗属 Datura Linn.
曼陀罗 *Datura stramonium* Linn.
毛曼陀罗 *Datura inoxia* Mill.（逸生）
天仙子属 Hyoscyamus Linn.
天仙子 *Hyoscyamus niger* Linn.
枸杞属 Lycium Linn.
枸杞 *Lycium chinense* Mill.
截萼枸杞* *Lycium truncatum* Y. C. Wang
酸浆属 Physalis Linn.
挂金灯 *Physalis alkekengi* var. *franchetii*（Mast.）Makino
茄属 Solanum Linn.
白英 *Solanum lyratum* Thunb.
龙葵 *Solanum nigrum* Linn.
青杞 *Solanum septemlobum* Bge.
野海茄* *Solanum japonense* Nakai

84. 玄参科 Scrophulariaceae
小米草属 Euphrasia Linn.
小米草 *Euphrasia pectinata* Ten.
柳穿鱼属 Linaria Mill.
柳穿鱼 *Linaria vulgaris* subsp. *chinensis*（Bge. ex Debeaux）D. Y. Hong
通泉草属 Mazus Lour.
通泉草 *Mazus pumilus*（N. L. Burman）Steenis
山罗花属 Melampyrum Linn.
山罗花 *Melampyrum roseum* Maxim.
沟酸浆属 Mimulus Linn.
沟酸浆 *Mimulus tenellus* Bge.
疗齿草属 Odontites Ludw.
疗齿草 *Odontites vulgaris* Moench
马先蒿属 Pedicularis Linn.
藓生马先蒿 *Pedicularis muscicola* Maxim.
返顾马先蒿* *Pedicularis resupinata* Linn.
穗花马先蒿 *Pedicularis spicata* Pall.
红纹马先蒿 *Pedicularis striata* Pall.
松蒿属 Phtheirospermum Bge. ex Fisch. et Mey.
松蒿 *Phtheirospermum japonicum*（Thunb.）kanitz.
穗花属 Pseudolysimachion（W. D. J. Koch）Opiz
水蔓菁 *Pseudolysimachion linariifolium* subsp. *dilatatum*（Nakai et Kitag.）D. Y. Hong

地黄属 *Rehmannia* Libosch. ex Fisch. et Mey.

地黄 *Rehmannia glutinosa* (Gaertn.) Libosch. ex Fisch. et Mey.

阴行草属 *Siphonostegia* Benth.

阴行草 *Siphonostegia chinensis* Benth.

婆婆纳属 *Veronica* Linn.

北水苦荬 *Veronica anagallis-aquatica* Linn.

阿拉伯婆婆纳 *Veronica persica* Poir.（归化）

婆婆纳 *Veronica polita* Fries

水苦荬 *Veronica undulata* Wall.

腹水草属 *Veronicastrum* Heister ex Fabricius

草本威灵仙 *Veronicastrum sibiricum* (Linn.) Pennell

玄参属** *Scrophularia* Linn.

玄参* *Scrophularia ningpoensis* Hemsl.

85. 紫葳科 Bignoniaceae

梓属 *Catalpa* Scop.

灰楸 *Catalpa fargesii* Bur.

角蒿属 *Incarvillea* Juss.

角蒿 *Incarvillea sinensis* Lam.

86. 苦苣苔科 Gesneriaceae

旋蒴苣苔属 *Boea* Comm. ex Lam.

旋蒴苣苔（猫耳朵、牛耳草）*Boea hygrometrica* (Bge.) R. Br.

87. 列当科 Orobanchaceae

列当属 *Orobanche* Linn.

列当 *Orobanche coerulescens* Stepf.

黄花列当* *Orobanche pycnostachya* Hance

88. 车前科 Plantaginaceae

车前属 *Plantago* Linn.

车前 *Plantago asiatica* Linn.

平车前 *Plantago depressa* Willd.

长叶车前 *Plantago lanceolata* Linn.（逸生）

大车前 *Plantago major* Linn.

89. 茜草科 Rubiaceae

拉拉藤属 *Galium* Linn.

猪殃殃 *Galium spurium* Linn.

蓬子菜 *Galium verum* Linn.

四叶葎* *Galium bungei* Steud.

野丁香属 *Leptodermis* Wall.

薄皮木 *Leptodermis oblonga* Bge.

茜草属 *Rubia* Linn.

茜草 *Rubia cordifolia* Linn.

金钱草（膜叶茜草）*Rubia membranacea* Diels

卵叶茜草* *Rubia ovatifolia* Z. Ying Zhang ex Q. Lin

林生茜草* *Rubia sylvatica* (Maxim.) Nakai

90. 忍冬科 Caprifoliaceae
忍冬属 *Lonicera* Linn.
金花忍冬* *Lonicera chrysantha* Turcz. ex Ledeb.
葱皮忍冬 *Lonicera ferdinandii* Franch.
郁香忍冬 *Lonicera fragrantissima* Lindley et Paxton
忍冬 *Lonicera japonica* Thunb.
金银忍冬 *Lonicera maackii*（Rupr.）Maxim.
唐古特忍冬* *Lonicera tangutica* Maxim.
盘叶忍冬 *Lonicera tragophylla* Hemsl.
莛子藨属 *Triosteum* Linn.
莛子藨（羽裂叶莛子藨）*Triosteum pinnatifidum* Maxim.

91. 五福花科 Adoxaceae
接骨木属 *Sambucus* Linn.
接骨木* *Sambucus williamsii* Hance
接骨草* *Sambucus javanica* Bl.
荚蒾属 *Viburnum* Linn.
桦叶荚蒾 *Viburnum betulifolium* Batal.
蒙古荚蒾 *Viburnum mongolicum*（Pall.）Rehd.
陕西荚蒾 *Viburnum schensianum* Maxim.
鸡树条（天目琼花）* *Viburnum opulus* subsp. *calvescens*（Rehd.）Sug.

92. 北极花科 Linnaeaceae
六道木属 *Zabelia*（Rehd.）Makino
六道木 *Zabelia biflora*（Turcz.）Makino

93. 败酱科 Valerianaceae
败酱属 *Patrinia* Juss.
异叶败酱 *Patrinia heterophylla* Bge.
糙叶败酱 *Patrinia scabra* Bge.
缬草属 *Valeriana* Linn.
缬草 *Valeriana officinalis* Linn.

94. 川续断科 Dipsacaceae
川续断属 *Dipsacus* Linn.
日本续断 *Dipsacus japonicus* Miq.
蓝盆花属 *Scabiosa* Linn.
蓝盆花 *Scabiosa comosa* Fisch. ex Roem. et Schult.

95. 葫芦科 Cucurbitaceae
赤瓟属 *Thladiantha* Bge.
赤瓟 *Thladiantha dubia* Bge.

96. 桔梗科 Campanulaceae
沙参属 *Adenophora* Fisch.
石沙参 *Adenophora polyantha* Thunb.
泡沙参（灯笼花）*Adenophora potaninii* Korsh.
长柱沙参* *Adenophora stenanthina*（Ledeb.）Kitag.
风铃草属 *Campanula* Linn.

紫斑风铃草 *Campanula punctata* Lam.

党参属 *Codonopsis* Wall.

党参 *Codonopsis pilosula* (Franch.) Nannf.

桔梗属 *Platycodon* A. DC.

桔梗(铃铛花) *Platycodon grandiflorus* (Jacq.) A. DC.

97. 菊科 Asteraceae

蓍属 *Achillea* Linn.

多叶蓍 *Achillea millefolium* Linn.

云南蓍 *Achillea wilsoniana* (Heim. ex Hand.-Mazz.) Heim.

香青属 *Anaphalis* DC.

黄腺香青 *Anaphalis aureopunctata* Lingelsh. et Borza

线叶珠光香青 *Anaphalis margaritacea* var. *angustifolia* (Franch. et Sav.) Hayata

疏生香青* *Anaphalis sinica* var. *alata* (Maxim.) S. X. Zhu et R. J. Bay.

牛蒡属 *Arctium* Linn.

牛蒡 *Arctium lappa* Linn.

蒿属 *Artemisia* Linn.

莳萝蒿 *Artemisia anethoides* Mattf.

碱蒿 *Artemisia anethifolia* Web.

黄花蒿 *Artemisia annua* Linn.

青蒿 *Artemisia apiacea* Hance

艾 *Artemisia argyi* Levl. et Vant.

茵陈蒿 *Artemisia capillaris* Thunb.

龙蒿(狭叶青蒿) *Artemisia dracunculus* Linn.

南牡蒿 *Artemisia eriopoda* Bge.

华北米蒿(荩蒿) *Artemisia giraldii* Pamp.

细裂叶莲蒿(铁杆蒿、万年蒿) *Artemisia gmelinii* Web.

牡蒿 *Artemisia japonica* Thunb.

野艾蒿 *Artemisia lavandulifolia* DC.

白叶蒿 *Artemisia leucophylla* C. B. Clark.

蒙古蒿 *Artemisia mongolica* (Fisch. ex Bess.) Nakai

魁蒿 *Artemisia princeps* Pamp.

红足蒿 *Artemisia rubripes* Nakai

猪毛蒿 *Artemisia scoparia* Waldst. et Kit.

大籽蒿 *Artemisia sieversiana* Ehrhart ex Willd.

无毛牛尾蒿(牛尾蒿) *Artemisia dubia* var. *subdigitata* (Mattf.) Y. R. Ling

阴地蒿 *Artemisia sylvatica* Maxim.

毛莲蒿(万年蓬) *Artemisia vestita* Wall. ex Bess.

北艾 *Artemisia vulgaris* Linn.

柔毛蒿* *Artemisia pubescens* Ledeb.

紫菀属 *Aster* Linn.

阿尔泰狗娃花 *Aster altaicus* Willd.

千叶狗娃花 *Aster altaicus* var. *millefolius* (Vant.) Hand.-Mazz.

狗娃花 *Aster hispidus* Thunb.

马兰 *Aster indicus* Linn.
蒙古马兰 *Aster mongolicus* Franch.
裸菀 *Aster piccolii* J. D. Hooker
三脉紫菀 *Aster trinervius* subsp. *ageratoides* (Turcz.) Griers.
紫菀 *Aster tataricus* Linn. f.

苍术属 Atractylodes DC.
苍术 *Atractylodes lancea* (Thunb.) DC.

鬼针草属 Bidens Linn.
婆婆针 *Bidens bipinnata* Linn.
小花鬼针草* *Bidens parviflora* Willd.
狼杷草 *Bidens tripartita* Linn.

飞廉属 Carduus Linn.
丝毛飞廉(飞廉) *Carduus crispus* Linn.

天名精属 Carpesium Linn.
大花金挖耳 *Carpesium macrocephalum* Franch. et Sav.
烟管头草 *Carpesium cernuum* Linn.

菊属 Chrysanthemum Linn.
小红菊 *Chrysanthemum chanetii* H. Level.
委陵菊* *Chrysanthemum potentilloides* Hand.-Mazz.
野菊 *Chrysanthemum indicum* Linn.
甘菊 *Chrysanthemum lavandulifolium* (Fisch. ex Trautv.) Makino

蓟属 Cirsium Mill.
魁蓟 *Cirsium leo* Nakai et Kitag.
烟管蓟 *Cirsium pendulum* Fisch. ex DC.
刺儿菜 *Cirsium arvense* var. *integrifolium* Wimm. et Grab.
牛口蓟 *Cirsium shansiense* Petrak
野蓟* *Cirsium maackii* Maxim.

还阳参属 Crepis Linn.
北方还阳参 *Crepis crocea* (Lam.) Babcock

假还阳参属 Crepidiastrum Nakai
黄瓜假还阳参 *Crepidiastrum denticulatum* (Houtt.) Pak et Kaw.
尖裂假还阳参(抱茎苦荬菜) *Crepidiastrum sonchifolium* (Maxim.) Pak et Kaw.

鳢肠属 Eclipta Linn.
鳢肠 *Eclipta prostrata* (Linn.) Linn.

飞蓬属 Erigeron Linn.
飞蓬 *Erigeron acris* Linn.
一年蓬 *Erigeron annuus* (Linn.) Pers. (逸生)
小蓬草(小白酒草) *Erigeron canadensis* Linn. (逸生)

泽兰属 Eupatorium Linn.
佩兰 *Eupatorium fortunei* Turcz.
白头婆(泽兰) *Eupatorium japonicum* Thunb.
林泽兰 *Eupatorium lindleyanum* DC.

牛膝菊属 Galinsoga Ruiz et Pavon

牛膝菊 *Galinsoga parviflora* Cav. （逸生）
鼠麴草属 *Gnaphalium* Linn.
细叶鼠麴草 *Gnaphalium japonicum* Thunb.
向日葵属 *Helianthus* Linn.
毛叶向日葵 *Helianthus mollis* Lam. （逸生）
泥胡菜属 *Hemisteptia* Bge.
泥胡菜 *Hemisteptia lyrata* （Bge.） Fisch. et C. A. Mey.
旋覆花属 *Inula* Linn.
旋覆花 *Inula japonica* Thunb.
苦荬菜属 *Ixeris* Cass.
中华苦荬菜 *Ixeris chinensis* （Thunb.） Kitag.
多色苦荬* *Ixeris chinensis* subsp. *versicolor* （Fischer ex Link） Kitamura
小苦荬属 ** *Ixeridium* （A. Gray） Tzvelev**
细叶小苦荬* *Ixeridium gracile* （DC.） Shih
小苦荬* *Ixeridium dentatum* （Thunb.） Tzvel.
麻花头属 *Klasea* Cass.
麻花头 *Klasea centauroides* （Linn.） Cass. ex Kitag.
多头麻花头 *Klasea centauroides* subsp. *polycephala* （Iljin） L. Mart.
碗苞麻花头* *Klasea centauroides* subsp. *chanetii* （Levl.） Mart.
莴苣属 *Lactuca* Linn.
翅果菊（山莴苣、多裂翅果菊） *Lactuca indica* Linn.
乳苣 *Lactuca tatarica* （Linn.） C. A. Mey.
毛脉翅果菊* *Lactuca raddeana* Maxim.
大丁草属 *Leibnitzia* Cass.
大丁草 *Leibnitzia anandria* （Linn.） Turcz.
火绒草属 *Leontopodium* （Pers.） R. Br.
火绒草 *Leontopodium leontopodioides* （Willd.） Beauv.
长叶火绒草 *Leontopodium junpeianum* Kitam.
小头薄雪火绒草 *Leontopodium japonicum* var. *microcephalum* Hand. -Mazz.
橐吾属 *Ligularia* Cass.
齿叶橐吾 *Ligularia dentata* （A. Gray） Hara
掌叶橐吾 *Ligularia przewalskii* （Maxim.） Diels
耳菊属 *Nabalus* Cass.
盘果菊（福王草） *Nabalus tatarinowii* （Maxim.） Nakai
多裂耳菊（多裂福王草、大叶盘果菊） *Nabalus tatarinowii* subsp. *macrantha* （Stebb.） N. Kilian
蟹甲草属 *Parasenecio* W. W. Smith et J. Small
山西蟹甲草* *Parasenecio dasythyrsus* （Hand. -Mazz.） Y. L. Chen
蛛毛蟹甲草* *Parasenecio roborowskii* （Maxim.） Y. L. Chen
两似蟹甲草* *Parasenecio ambiguus* （Y. Ling） Y. L. Chen
太白蟹甲草* *Parasenecio pilgerianus* （Diels） Y. L. Chen
山尖子 *Parasenecio hastatus* （Linn.） H. Koy.
毛连菜属 *Picris* Linn.
日本毛连菜 *Picris japonica* Thunb.

漏芦属 *Rhaponticum* Vaill.

漏芦（祁州漏芦）*Rhaponticum uniflorum* (Linn.) DC.

风毛菊属 *Saussurea* Linn.

草地风毛菊 *Saussurea amara* (Linn.) DC.

风毛菊 *Saussurea japonica* (Thunb.) DC.

蒙古风毛菊 *Saussurea mongolica* (Franch.) Franch.

乌苏里风毛菊 *Saussurea ussuriensis* Maxim.

柳叶风毛菊* *Saussurea salicifolia* (Linn.) DC.

篦苞风毛菊* *Saussurea pectinata* (Bge.) DC.

鸦葱属 *Scorzonera* Linn.

华北鸦葱（苤管草）*Scorzonera albicaulis* Bge.

鸦葱 *Scorzonera austriaca* Willd.

千里光属 *Senecio* Linn.

额河千里光 *Senecio argunensis* Turcz.

北千里光* *Senecio dubitabilis* C. Jeffrey et Y. L. Chen

豨莶属 *Sigesbeckia* Linn.

腺梗豨莶 *Sigesbeckia pubescens* Makino

苦苣菜属 *Sonchus* Linn.

苣荬菜 *Sonchus wightianus* DC.

苦苣菜 *Sonchus oleraceus* Linn.

蒲公英属 *Taraxacum* Linn.

蒙古蒲公英（蒲公英）*Taraxacum mongolicum* Hand.-Mazz.

华蒲公英 *Taraxacum sinicum* Kitag.

狗舌草属 *Tephroseris* Reichenb.

狗舌草 *Tephroseris kirilowii* (Turcz. ex DC.) Holub.

红轮狗舌草* *Tephroseris flammea* (Turcz. ex DC.) Holub

女菀属 *Turczaninovia* DC.

女菀 *Turczaninovia fastigiata* (Fisch.) DC.

款冬属 *Tussilago* Linn.

款冬（款冬花）*Tussilago farfara* Linn.

苍耳属 *Xanthium* Linn.

苍耳 *Xanthium strumarium* Linn.

（二）单子叶植物 Monocotyledoneae

98. 香蒲科 Typhaceae

香蒲属 *Typha* Linn.

水烛* *Typha angustifolia* Linn.

宽叶香蒲 *Typha latifolia* Linn.

小香蒲 *Typha minima* Funck ex Hoppe

东方香蒲 *Typha orientalis* Presl.

黑三棱属 *Sparganium* Linn.

黑三棱 *Sparganium stoloniferum* (Buch.-Ham. ex Graebn.) Buch.-Ham. ex Juz.

99. 眼子菜科 Potamogetonaceae

眼子菜属 *Potamogeton* **Linn.**

菹草* *Potamogeton crispus* Linn.

穿叶眼子菜 *Potamogeton perfoliatus* Linn.

小眼子菜 *Potamogeton pusillus* Linn.

蓖齿眼子菜属** *Stuckenia* **Berner**

蓖齿眼子菜* *Stuckenia pectinata* (Linn.) Berner

100. 水麦冬科 Juncaginaceae

水麦冬属 *Triglochin* **Linn.**

水麦冬 *Triglochin palustris* Linn.

101. 泽泻科 Alismataceae

泽泻属 *Alisma* **Linn.**

东方泽泻 *Alisma orientale* (Samuel.) Juz.

102. 禾本科 Poaceae

芨芨草属 *Achnatherum* **Beauv.**

中华芨芨草 *Achnatherum chinense* (Hitchcock) Tzvel.

京芒草* *Achnatherum pekinense* (Hance) Ohwi

羽茅 *Achnatherum sibiricum* (Linn.) Keng ex Tzvel.

芨芨草 *Achnatherum splendens* (Trin.) Nevski.

冰草属 *Agropyron* **J. Gaertn.**

冰草 *Agropyron cristatum* (Linn.) Gaertn.

剪股颖属 *Agrostis* **Linn.**

巨序剪股颖* *Agrostis gigantea* Roth

西伯利亚剪股颖 *Agrostis stolonifera* Linn.

看麦娘属** *Alopecurus* **Linn.**

看麦娘* *Alopecurus aequalis* Sobol.

黄花茅属 *Anthoxanthum* **Linn.**

茅香 *Anthoxanthum nitens* (Web.) Y. Schout. et Veldk.

三芒草属 *Aristida* **Linn.**

三芒草 *Aristida adscensionis* Linn.

荩草属 *Arthraxon* **Beauv.**

荩草 *Arthraxon hispidus* (Thunb.) Makino

野古草属** *Arundinella* **Radd.**

毛秆野古草(野古草)* *Arundinella hirta* (Thunb.) Tanaka

燕麦属 *Avena* **Linn.**

野燕麦 *Avena fatua* Linn.

茵草属 *Beckmannia* **Host.**

茵草 *Beckmannia syzigachne* (Steud.) Femald

孔颖草属 *Bothriochloa* **Ktze.**

白羊草 *Bothriochloa ischaemum* (Linn.) keng

短柄草属 *Brachypodium* **Beauv.**

短柄草 *Brachypodium sylvaticum* (Huds.) Beauv.

雀麦属 *Bromus* **Linn.**

无芒雀麦 *Bromus inermis* Leyss.

雀麦 *Bromus japonicus* Thunb.

拂子茅属 *Calamagrostis* Adans.

拂子茅 *Calamagrostis epigeios* (Linn.) Roth.

假苇佛子茅* *Calamagrostis pseudophragmites* (A. Haller) Koeler

虎尾草属 *Chloris* Swartz

虎尾草 *Chloris virgata* Swartz

隐子草属 *Cleistogenes* Keng.

朝阳隐子草(中华隐子草) *Cleistogenes hackelii* (Honda) Honda

北京隐子草 *Cleistogenes hancei* keng

小尖隐子草 *Cleistogenes mucronata* Keng ex P. C. Keng et L. Liu

糙隐子草 *Cleistogenes squarrosa* (Trin.) Keng

隐花草属 *Crypsis* Ait.

隐花草 *Crypsis aculeata* (Linn.) Ait.

狗牙根属 *Cynodon* Rich.

狗牙根 *Cynodon dactylon* (Linn.) Pers.

野青茅属 *Deyeuxia* Clar. ex P. Beauv.

野青茅 *Deyeuxia pyramidalis* (Host) Veldk.

华高野青茅* *Deyeuxia sinelatior* Keng

马唐属 *Digitaria* Heist. ex Fabr.

纤毛马唐 *Digitaria ciliaris* (Retz.) Koel.

止血马唐 *Digitaria ischaemum* (Schreb.) Muhlenb.

稗属 *Echinochloa* Beauv.

稗 *Echinochloa crusgalli* (Linn.) Beauv.

无芒稗 *Echinochloa crusgalli* var. *mitis* (Pursh) Peterm.

穇属 *Eleusine* Gaertn.

牛筋草(蟋蟀草) *Eleusine indica* (Linn.) Gaertn.

披碱草属 *Elymus* Linn.

纤毛披碱草(纤毛鹅观草) *Elymus ciliaris* (Trin. ex Bge.) Tzvel.

披碱草 *Elymus dahuricus* Turcz. ex Griseb.

圆柱披碱草 *Elymus dahuricus* var. *cylindricus* Franch.

垂穗披碱草 *Elymus gmelinii* (Ledeb.) Tzvel.

柯孟披碱草 *Elymus kamoji* (Ohwi) S. L. Chen

缘毛披碱草 *Elymus pendulinus* (Nevski) Tzvel.

老芒麦 *Elymus sibiricus* Linn.

中华披碱草 *Elymus sinicus* (Keng) S. L. Chen

画眉草属 *Eragrostis* Beauv.

大画眉草 *Eragrostis cilianensis* (All.) Vignolo-Lutati ex Janch.

知风草* *Eragrostis ferruginea* (Thunb.) P. Beauv.

小画眉草 *Eragrostis minor* Host

画眉草 *Eragrostis pilosa* (Linn.) Beauv.

野黍属 *Eriochloa* Kunth

野黍 *Eriochloa villosa* (Thunb.) Kunth

羊茅属 *Festuca* Linn.

远东羊茅 *Festuca extremiorientalis* Ohwi

甜茅属 *Glyceria* R. Br.

假鼠妇草 *Glyceria leptolepis* Ohwi

白茅属 *Imperata* Cirillo

大白茅 *Imperata cylindrica* var. *major*（Nees）Hubb. et Vanghan.

柳叶箬属 *Isachne* R. Br.

柳叶箬 *Isachne globosa*（Thunb.）Ktze.

落草属 *Koeleria* Pers.

落草 *Koeleria macrantha*（Ledeb.）Schult.

赖草属 *Leymus* Hochst.

赖草 *Leymus secalinus*（Georgi）Tzvel.

羊草 *Leymus chinensis*（Trin. ex Bge.）Tzvel.

臭草属 *Melica* Linn.

广序臭草 *Melica onoei* Franch. et Sav.

臭草 *Melica scabrosa* Trin.

莠竹属 *Microstegium* Nees

柔枝莠竹 *Microstegium vimineum*（Trin.）A. Camus

粟草属 *Milium* Linn.

粟草 *Milium effusum* Linn.

芒属 *Miscanthus* Anderss.

荻 *Miscanthus sacchariflorus*（Maxim.）Hack.

芒 *Miscanthus sinensis* Anderss.

乱子草属 *Muhlenbergia* Schreb.

乱子草 *Muhlenbergia huegelii* Trin.

狼尾草属 *Pennisetum* Rich.

狼尾草 *Pennisetum alopecuroides*（Linn.）Spreng.

白草 *Pennisetum flaccidum* Griseb.

虉草属 *Phalaris* Linn.

虉草 *Phalaris arundinacea* Linn.

芦苇属 *Phragmites* Adans.

芦苇 *Phragmites australis*（Cav.）Trin. ex Steudel

早熟禾属 *Poa* Linn.

早熟禾 *Poa annua* Linn.

林地早熟禾 *Poa nemoralis* Linn.

硬质早熟禾 *Poa sphondylodes* Trin. ex Bge.

多叶早熟禾 *Poa sphondylodes* var. *erikssonii* Melderis

草地早熟禾 *Poa pratensis* Linn.

棒头草属 *Polypogon* Desf.

棒头草 *Polypogon fugax* Ness ex Steud.

狗尾草属 *Setaria* Beauv.

金狗尾草 *Setaria pumila*（Poiret）Roem. et Schult.

狗尾草 *Setaria viridis*（Linn.）Beauv.

大油芒属 *Spodiopogon* Trin.

大油芒(大荻) *Spodiopogon sibiricus* Trin.

针茅属 *Stipa* Linn.

狼针茅 *Stipa baicalensis* Roshev.

长芒草 *Stipa bungeana* Trin.

大针茅 *Stipa grandis* P. A. Smirnov

锋芒草属** *Tragus* Hall.

虱子草* *Tragus berteronianus* Schult

菅属 *Themeda* Forssk.

黄背草 *Themeda triandra* Forssk.

三毛草属 *Trisetum* Pers.

贫花三毛草 *Trisetum pauciflorum* Keng

西伯利亚三毛草 *Trisetum sibiricum* Rupr.

105. 莎草科 Cyperaceae

三棱草属 *Bolboschoenus* (Aschers.) Pall.

荆三棱 *Bolboschoenus yagara* (Ohwi) Y. C. Yang et M. Zhan

薹草属 *Carex* Linn.

青绿薹草(青菅)* *Carex breviculmis* R. Br.

白颖薹草* *Carex duriuscula* subsp. *rigescens* (Franch.) S. Yun Liang et Y. C. Tang

点叶薹草(华北薹草) *Carex hancockiana* Maxim.

溪水薹草* *Carex forficula* Franch. et Sav.

宽叶薹草(崖棕)* *Carex siderosticta* Hance

异鳞薹草 *Carex heterolepis* Bge.

异穗薹草 *Carex heterostachya* Bge.

大披针薹草 *Carex lanceolata* Boott

亚柄薹草* *Carex lanceolata* var. *subpediformis* Kukenthal

二柱薹草 *Carex lithophila* Turcz.

翼果薹草 *Carex neurocarpa* Maxim.

丝引薹草(疏穗薹草) *Carex remotiuscula* Wahlenb.

莎草属 *Cyperus* Linn.

香附子* *Cyperus rotundus* Linn.

水莎草 *Cyperus serotinus* Rottb.

荸荠属 *Eleocharis* R. Br.

槽秆荸荠 *Eleocharis mitracarpa* Steud.

沼泽荸荠 *Eleocharis palustris* (Linn.) Roem. et Schult.

扁莎属 *Pycreus* Beauv.

球穗扁莎* *Pycreus flavidus* (Retz.) T. Koy.

红鳞扁莎 *Pycreus sanguinolentus* (Vahl) Nees ex C. B. Clarke

水葱属 *Schoenoplectus* (Reich.) Pall.

萤蔺* *Schoenoplectus juncoides* (Roxburgh) Palla

水毛花* *Schoenoplectus mucronatus* subsp. *robustus* (Miquel) T. Koyama

水葱 *Schoenoplectus tabernaemontani* (C. C. Gmel.) Pall.

三棱水葱(藨草) *Schoenoplectus triqueter* (Linn.) Pall.

藨草属 *Scirpus* Linn.

东方藨草 *Scirpus orientalis* Ohwi
细莞属** ***Isolepis*** **R. Brown**
细莞(细秆藨草)* *Isolepis setacea* (Linn.) R. Brown

104. 水鳖科*** Hydrocharitaceae
黑藻属** ***Hydrilla*** **Rich.**
黑藻* *Hydrilla verticillata* (Linn. f.) Royle

105. 天南星科 Araceae
菖蒲属 *Acorus* Linn.
菖蒲(白菖蒲) *Acorus calamus* Linn.
天南星属 *Arisaema* Mart.
一把伞南星 *Arisaema erubescens* (Wall.) Schott
半夏属 *Pinellia* Tenore.
半夏 *Pinellia ternata* (Thunb.) Breit.
虎掌* *Pinellia pedatisecta* Schott
斑龙芋属 *Sauromatum* Schott
独角莲 *Sauromatum giganteum* (Engl.) Cusim. et Hettersch.

106. 鸭跖草科 Commelinaceae
鸭跖草属 *Commelina* Linn.
鸭跖草 *Commelina communis* Linn.
竹叶子属 *Streptolirion* Edgew.
竹叶子 *Streptolirion volubile* Edgew.

107. 雨久花科 Pontederiaceae
雨久花属 *Monochoria* C. Presl
鸭舌草 *Monochoria vaginalis* (N. L. Burman) C. Presl ex Kunth

108. 灯心草科 Juncaceae
灯心草属 *Juncus* Linn.
扁茎灯心草(细灯心草) *Juncus gracillimus* (Buch.) Krecz. et Gontsch.

109. 百合科 Liliaceae
葱属 *Allium* Linn.
野葱(黄花韭)* *Allium chrysanthum* Regel
天蓝韭 *Allium cyaneum* Regel
薤白 *Allium macrostemon* Bge.
小山薤 *Allium pallasii* Murray
细叶韭 *Allium tenuissimum* Linn.
合被韭 *Allium tubiflorum* Rendle
茖葱(茖韭)* *Allium victorialis* Linn.
知母属 *Anemarrhena* Bge.
知母 *Anemarrhena asphodeloides* Bge.
天门冬属 *Asparagus* (Tourn.) Linn.
攀援天门冬 *Asparagus brachyphyllus* Turcz.
兴安天门冬 *Asparagus dauricus* Link
羊齿天门冬 *Asparagus filicinus* D. Don
长花天门冬 *Asparagus longiflorus* Franch.

天门冬* *Asparagus cochinchinensis*（Lour.）Merr.

顶冰花属 Gagea Salisb.

少花顶冰花 *Gagea pauciflora*（Turcz. ex Traut.）Ledeb.

萱草属 Hemerocallis Linn.

小黄花菜* *Hemerocallis minor* Mill.

百合属 Lilium Linn.

山丹 *Lilium pumilum* Redout.

舞鹤草属 ** *Maianthemum* Wigg.**

舞鹤草* *Maianthemum bifolium*（Linn.）F. W. Schmidt

沿阶草属 ** *Ophiopogon* Ker Gawler**

沿阶草* *Ophiopogon bodinieri* Levl.

重楼属 Paris Linn.

北重楼 *Paris verticillata* Rieb.

黄精属 Polygonatum Mill.

卷叶黄精 *Polygonatum cirrhifolium*（Wall.）Royle

玉竹 *Polygonatum odoratum*（Mill.）Druce.

二苞黄精* *Polygonatum involucratum*（Franch. et Sav.）Maxim.

黄精 *Polygonatum sibiricum* Redoute

湖北黄精* *Polygonatum zanlanscianense* Pamp.

鹿药属 Smilacina Desf.

鹿药 *Smilacina japonica* A. Gray

菝葜属 Smilax Linn.

鞘柄菝葜 *Smilax stans* Maxim.

糙柄菝葜* *Smilax trachypoda* J. B. Norton

藜芦属 Veratrum Linn.

藜芦 *Veratrum nigrum* Linn.

110. 薯蓣科 Dioscoreaceae

薯蓣属 Dioscorea Linn.

穿龙薯蓣 *Dioscorea nipponica* Makino.

薯蓣* *Dioscorea polystachya* Turcz.

111. 鸢尾科 Iridaceae

射干属 Belamcanda Adans.

射干 *Belamcanda chinensis*（Linn.）Redoute

鸢尾属 Iris Linn.

马蔺 *Iris lactea* var. *chinensis*（Fisch.）Koidz.

紫苞鸢尾 *Iris ruthenica* Ker-Gawl.

细叶鸢尾 *Iris tenuifolia* Pall.

野鸢尾* *Iris dichotoma* Pall.

112. 兰科 Orchidaceae

头蕊兰属 Cephalanthera Rich.

银兰 *Cephalanthera erecta*（Thunb.）Bl.

头蕊兰 *Cephalanthera longifolia*（Linn.）Fritsch.

杓兰属 ** *Cypripedium* Linn.**

毛杓兰* *Cypripedium franchetii* E. H. Wils.

掌裂兰属 Dactylorhiza Neck. ex Nevsk.

凹舌掌裂兰 *Dactylorhiza viridis*（Linn.）R. M. Batem.

火烧兰属 Epipactis Zinn.

火烧兰 *Epipactis helleborine*（Linn.）Crantz

斑叶兰属 ** **Goodyera R. Brown**

斑叶兰* *Goodyera schlechtendaliana* H. G. Reich

角盘兰属 Herminium Linn.

角盘兰 *Herminium monorchis*（Linn.）R. Br.

羊耳蒜属 Liparis Rich.

羊耳蒜 *Liparis campylostalix* Reich.

原沼兰属 Malaxis Soland. ex Sw.

原沼兰 *Malaxis monophyllos*（Linn.）Sw.

兜被兰属 Neottianthe（Reich.）Schltr.

二叶兜被兰 *Neottianthe cucullata*（Linn.）Schltr.

一叶兜被兰 *Neottianthe monophylla*（Ames et Schltr.）Schltr.

舌唇兰属 Platanthera Rich.

二叶舌唇兰 *Platanthera chlorantha*（Cust.）Reich.

蜻蜓舌唇兰 *Platanthera souliei* Kraenzl.

绶草属 Spiranthes Rich.

绶草 *Spiranthes sinensis*（Pers.）Ames